U0378656

亿万年的孤独

地外文明探寻史话

汪诘　著

北京时代华文书局

图书在版编目（CIP）数据

亿万年的孤独 : 地外文明探寻史话 / 汪诘著. -- 北京 : 北京时代华文书局, 2018.7
ISBN 978-7-5699-2456-5

Ⅰ. ①亿… Ⅱ. ①汪… Ⅲ. ①地外生命－普及读物Ⅳ. ① Q693-49

中国版本图书馆 CIP 数据核字（2018）第 122164 号

亿万年的孤独：地外文明探寻史话

Yiwannian de Gudu : Diwaiwenming Tanxun Shihua

著　　者 | 汪　诘

出 版 人 | 王训海
策划编辑 | 高　磊
责任编辑 | 鲍　静
装帧设计 | 程　慧　段文辉
责任印制 | 刘　银

出版发行 | 北京时代华文书局 http://www.bjsdsj.com.cn
北京市东城区安定门外大街 136 号皇城国际大厦 A 座 8 楼
邮编：100011　电话：010－64267955　64267677
印　　刷 | 固安县京平诚乾印刷有限公司　0316-6170166
（如发现印装质量问题，请与印刷厂联系调换）
开　　本 | 880×1230mm　1/16　　印　　张 | 15.5　　字　　数 | 220 千字
版　　次 | 2018 年 7 月第 1 版　　印　　次 | 2018 年 7 月第 1 次印刷
书　　号 | ISBN 978-7-5699-2456-5
定　　价 | 58.00 元

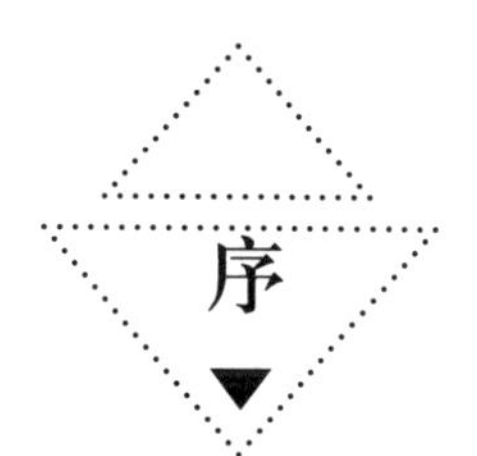

序

本书的第一版在2012年由新星出版社出版，书名是《外星人防御计划》，到现在已经6年了。第一版的书名起得有点儿偏，原本是想最大限度激发读者的好奇心，没想到这个书名让很多读者产生了误解，以为是一本宣扬神秘主义的伪科学作品或虚构类作品。

本书是我继《时间的形状》之后创作的第二本科普书，在这本书中，我尝试了更多灵活的科普写作手法。在《时间的形状》中，我创作了两篇短篇科幻小说来解释相对论的两个原理，获得了不错的效果，很多读者都印象深刻。在这本书中，我将这种手法做了更深入的运用，用一篇中篇科幻小说作为全书的结尾，尽量把本书讲到的知识点都融入其中，让各位读者在阅读小说的同时轻松地回顾知识点。除此之外，我还尝试了辩论赛辩词的形式。但这些手法的效果，还需要广大读者来评价。

6年过去了，我从一名业余玩票的科普写手成长为以科普写作为职业的科普人。与许多科研工作者出身的优秀科普作家不同，我从未从事过科研工作，但科普创作毕竟不是科研。《万物简史》的作者比尔·布莱森，他的职业是一名记者，却成了非常成功的科普作家，《万物简史》也得到了读者的喜爱，不仅畅销，还摘得了很多科普奖项。比尔·布莱森对自己科普写作的价值有一段非常精辟的论述，就写在该书的扉页上：贝特有一次问自己的物理学家朋友杰拉德，你为什么要坚持写日记呢？杰拉德说，我并不打算出版，我只是记录下一些事实给上帝参考。贝特又问，难道上帝不知道这些事实吗？杰拉德回答说，上帝当然知道，但他不知道我这样描写的事实。

是的，我也认为，科普的最大魅力在于表达。描写同一个知识点，可以有千变万化的表达方式。

《上帝掷骰子吗？量子物理史话》的作者曹天元先生就是非科学家出身的科普作者中的佼佼者，他的这本书取得了非常大的成功。曹天元先生去年在接受《上海书评》采访时谈到，大多数人会认为，对于一本科普作品来说，科学性、准确性最重要。但他认为这是一个误区，他认为科普的首要目的是激发大众对科学的兴趣。也就是说，科普是科学的广告，它本质上是一种传播学指导下的产品，而不是在具体哪门科学指导下的产品，所以真正的科学家来写科普书，销量往往不好。他认为在创作科普作品时应当优先考虑传播性，其次考虑科学准确性，但并非不要准确性。

对于曹天元先生的观点，大部分我都是很赞同的，只是在科普的目标上略有不同。这也很正常，每一个科普人对于科普的理解也都是不同的。曹天元先生认为科普的首要目标是让大众爱上科学、了解科学，它是营销科学的一种手段。

我做科普的首要目标是传播科学精神，说得更详细一点，就是让大众了解面对社会现象和自然现象时，科学共同体的态度是什么，科学家群体又是怎么思考的。我始终秉承的写作纲领是：比科学故事更重要的是科学精神。

我认为一个职业的科普人应当有职业操守，我的职业操守是：

1.所讲述的科学知识和数据都要有可靠的来源，至少主观上应该尽可能找到最为可靠的来源，尽可能通过多个渠道证实，而不是随便看到一些东西就拿来当事实用。质疑精神是一个职业科普人首要具备的精神。我虽然无法保证自己讲的东西都是正确的——这恐怕谁也做不到——但是可以保证自己讲的东西主观上都是出自科学共同体的主流观点，是目前所能查到的最佳结论。

2.如果发现自己搞错了某些知识点，那么一定要尽可能地通过各种方式修正自己的错误，而不是抱着无所谓的态度。

3.在一些尚未有结论的科学问题上尽量不发表自己的猜想或者假设，尽量引述该领域的科学家的观点。如果要发表一些自己的想法，那么一定要特别说明这是我个人的一点浅见，不是科学家的观点，以防误导公众。

4.虽然我明知用神秘主义或不可知论的手法来讲述一些科学界还没有公论的现象，会获得最大的传播效果，也最能激发公众的兴趣，但我坚决不用这种手法。因为神秘主义和不可知论的世界观违背了我做科普的首要目标。

5.在不违反上面这条原则的前提下，我会尽可能地用读者喜闻乐见，最容易听懂的方式来讲解科学知识。如果所做的比喻与科学的严谨性产生了矛盾，我会优先考虑通俗易懂，不惜损失一些准确性，不追求百分百的正确。

6.我会在科普和科幻之间划出一条明确的界线：当我写作虚构类作品时，必须申明这是虚构类作品，是一种科学幻想而不是科学事实。我反对某些打着科普旗号兜售虚构类作品的做法。

7.在对待伪科学问题上，必须旗帜鲜明，不含糊，不为了取悦大多数人而放弃自己坚持的科普目标。什么是伪科学？就是声称自己是科学却并不符合科学研究范式的理论或假设。如果不声称是科学或者不用语言故意误导读者以为是科学，那么我会给予充分的尊重，也会认真聆听。我尊重人类思想的多样性，也捍卫人类思想的多样性。捍卫科学本身就是在捍卫思想的多样性。

本次对原书的全面修订升级主要包含以下几个方面：

1.修订了不准确的数据和知识点。

2.对一些章节做较大幅度的改写。

3.新增了本书第一版出版后科学界的新鲜事。

4.增写了中部第六节“对黑暗森林假说的思考”。

5.对第一版的语言文字做了逐字逐句的修订，使之更加简洁干净。

限于本人才疏学浅，尽管尽了最大努力，难免还会有各种错误，欢迎各位读者对我批评指正，有错必改。我的自媒体名称是：科学有故事。

汪诘
2018年3月1日于上海莘庄

亿万年的孤独

目录 CONTENTS

上部 说史

中部 讲理

附 《亚洲教育论坛年会》发言稿

引子

黄昏，美国新墨西哥州的荒原上。

巨大的射电望远镜阵列静静地躺在天空下，每一个乳白色的抛物面都像一只巨大的眼睛，凝望着宇宙深处。

天文学家爱丽微闭着双眼，头上戴着高灵敏度的监听耳机，半躺在自己敞篷跑车的挡风玻璃上。她特别喜欢在深秋的凉风中一直躺到天亮。

这4年来，爱丽不知道度过了多少个这样的夜晚。她喜欢耳机中传来的“嘶嘶”声，那是100多亿年前宇宙大爆炸的回响，静谧、和谐，在爱丽耳中，就像音乐一样美妙。

爱丽觉得自己快要睡着了，感觉自己沉浸在宇宙深处，耳中的声音就像是亿万星辰的窃窃私语。

突然，她感到“嘶嘶”声中似乎传来什么不同的东西，仿佛是一种轻微的脚步声，从宇宙深处向她走来。

脚步声越来越响。

爱丽猛然睁开眼睛，她发现这不是梦。

难道说，真的来了？

爱丽两手紧紧捂住耳机，激动地聆听。

没错，确实是“他们”来了。脚步声越来越响，越来越响，很有节奏的脉冲信号一阵阵击打着爱丽的耳膜。

“哦，我的天，这是真的！”

爱丽迅速抓过手边的无线电对讲机，一边启动汽车一边冲着对讲机喊道：

“赤经，18点36分52秒；赤纬，+36度，46分56秒，请核实。重复一遍，赤经，18点36分52秒；赤纬，+36度，46分56秒，请核实。”

监控室中，爱丽的同事们听到了对讲机中的呼叫，立即从椅子上蹦了起来，他们喊道：“我们听到了，正在调校天线！赤经，18点36分52秒；赤纬，+36度，46分56秒。”

他们瞬间忙碌起来，不断地敲打键盘，开启了能开启的所有设备。

对讲机中，继续传来爱丽的声音：“这很有可能是连串的脉冲，调校所有的望远镜，对准目标。查看参考支距，用27号天线检查离轴辐射，让维利把大功率的音响系统打开。”

“收到！”

爱丽终于飞驰到监控室门口，她跳下车，一边朝楼梯飞奔，一边对着对讲机喊道：“将L0频率保持不变，千万别让它跑掉！如果信号消失就重新扫描你能想到的所有频段。”

“收到，系统正常。”

几分钟后，爱丽冲进监控室，直扑主控电脑，大声喊道：“兄弟们，快告诉我，频率找到没？”

同事：“有极化的脉冲，振幅经过调节，我已经锁定了。”

爱丽：“频率是多少？”

同事：“40.26……23千兆赫，氢波段乘π。”

爱丽：“我早就说过肯定是氢波段。信号来源锁定了吗？”

同事：“我正在一个个排除，不是军用频率，也不是航天器，方向来自织女星，距离26光年。”

爱丽：“能把脉冲信号接到音响上吗？”

同事：“正在接入。”

很快，音响中传来了强劲有力的“脚步声”，那是强烈的脉冲信号，极富节奏和韵律，可以清晰地听出“长”“短”音。

不一会儿，爱丽就听出来了。每一个长脉冲过来，都包含若干个短脉冲，这明显是在报数。

“3、5、7、11……”爱丽一边数，一边大声地说出来。“没错，这是素数，证明这绝不是自然现象。唯一合理的解释就是：这是来自织女星系的外星文明信号。”

一个足以震惊全世界的事件发生了——人类首次截获了来自外星文明的无线电信号。

亲爱的读者，你可能已经猜出来了，上面这段是科幻电影的情节。没错，这是1997年公映的好莱坞大片《超时空接触》（*Contact*）（主演：朱迪·福斯特）中一段紧张刺激的情节。这部电影根据美国天文学家卡尔·萨根的同名小说改编，是所有科幻迷珍藏的经典影片。

科幻电影中的这些情节在现实中有可能发生吗?

我的回答是肯定的，而且，可能性非常大，极有可能在未来的50年内发生。

我相信，此时你的脑中一定会冒出这样一个问题：

到底有没有外星人?

关于这个问题，根据我们现有的最佳证据，答案是：

有，但从未到访过地球。

这并不是我一拍脑袋的答案，这个回答也是目前主流科学界的共识。不管你看过多少讲述不明飞行物（unidentified flying object，缩写为UFO）、外星人的电视片，也不管你在电视上看到过多少貌似“科学家”的人物煞有介事地跟你讲地球上的不明飞行物有可能就是外星人什么的，都无法改变这个客观事实，那就是：目前的主流科学界几乎一致认为，外星人存在但从未到访过地球。

科学是重事实，讲道理的，得出的这个结论有什么依据吗？科学家们凭什么达成这样的共识呢？这就是本书试图给各位读者解答的。

为了把这个问题讲清楚，我们先要搞清楚外星人的定义。本书中所称的外星人指的是地球以外的智慧生命。外星人是不是人形并不重要，但起码应该符合我们目前对生命基本形式的认识。比如，我们所知的任何生命都离不开液态水，并且都是基于化学元素碳（C）的有机分子组合成的复杂有机体。

我经常会被问到一个问题：为什么科学家在谈到寻找外星生命时，总是要先找水？给人的印象是水就是产生生命的必要条件。谁说外星生命就一定需要水呢？科学家的脑子难道都如此僵化、死板，就不能打破一下常规思维吗？那么，科学家真的那么僵化死板么？显然不是，他们怎么可能连普通人也能想到的问题都考虑不到呢？

这就是科学思维和普通思维最大的区别之一。科学思维的第一条就是质疑，当然包括对液态水是否是生命必要条件的质疑，历史上无数的科学家都曾有此质疑。但如果仅仅只是质疑，那还不能称之为科学思维。比质疑更重要的第二条就是探索和实证，经过了100多年的努力探索——这种努力到现在其实也没有停止过——遗憾的是，我们没有发现任何可以脱离液态水而保持活动状态的生命，既没有找到直接的证据，也没有找到间接的证据。

那么在现有的情况下，我们在寻找外星生命的时候，只能把液态水作为生命存在的必要条件。另一个用同样逻辑推导出来的必要条件，就是任何生命都需要能量来维持活动。存在提供能量的物质也是必要条件之一。2017年，美国国家航空航天局（National Aeronautics and Space Administration，缩写为NASA）在土卫二上的羽流中测量到了二氧化碳、氢气和甲烷的含量处于一种不平衡的状态。这就证明了在土卫二的冰层下面不但有液态的海洋，还存在能够提供生命所需要的能量物质。所以，NASA才宣布土卫二上具备了孕育生命的一切条件。所以土卫二冰层下的海洋存在生命的可能性就很大——这句话是非常严谨的，NASA并没有宣布土卫二上存在外星人或者具有存在外星人的可能性。原始生命和高等智慧文明的差别还是很大的。我们如果来拆解一下，NASA的这个宣告实际上隐含着很多逻辑推导的链条，也就是我们常说的证据链。首先，我们有直接证据表明，水加上能量物质会产生生命，哪怕是在深深的大洋深处。20世纪70年代，我们在大洋深处的热泉附近发现了大量生物。有了这个直接证据，假如我们在其他外星球发现了类似的环境条件，那么就可以宣称，此类环境很有可能也会产生生命。也就值得我们进一步花费巨资，继续发射探测器，甚至把航天员送过去做彻底的调查研究，因为这些存在可能性的证据值得研究。所以，科学研究其实是很务实的，一步一步地往前拱，每拱一步都会花费大量的人力、物力和时间。现在，如果我们不用这种科学思维来考虑问题，而是先假定任何液态环境都可以产生生命，或者我们胆子再大一点，假定不需要液态环境也能产生生命。比如说，第一次拍到土卫六的照片时，科学家们都吓了一大跳，因为这颗土星的卫星从外貌来看和地球实在是太像了。后来，我们发现土卫六上有液态的甲烷海洋，但因此能不能就宣称在土卫六上可能存在生命呢？不能，因为缺失了证据链上最重要的一环，就是液态甲烷能够孕育生命。缺失了这个证据，最后的推论就是建立在凭空的臆测、而不是理性的思考之上。当然，科学家也不会宣称土卫六上肯定不存在生命，因为证明不存在几乎是不可能的。但是我们探索外星生命的目的是为了证明存在，而不是为了证明不存在。

历史上没有哪个科学家说过离开了水就一定不会有生命。其实科学家不关心这个问题，他们只关心确定的因果关系。科学活动都是有时间和金钱成本的，因此选择研究方向是非常严谨、非常严肃的事情。如果方向错了，一个科学家就有可能一辈子碌碌无为。在我们人类现有的知识体系下，要在寻找外星生物这个领域出成果，最有可能的路径当然是先找到与地球差不多的环境，然后在这个环境中继续寻找生命存在的证据。

如果有人说，我就是不依循这个规律，我非要在月球的岩石中寻找生命。一来这个想法肯定得不到别人的支持，也就不可能拥有科研的经费；二来这样的思维方式也是对自己的青春和生命不负责任。当我与大家谈论外星生物与地外文明的时候，其实都有一个假定的前提：就是我谈论的是我们人类已知的生命形式，或者说已知的高等智慧文明形式。这个假定的前提非常重要，但是每次都强调又未免显得啰唆，所以我常常会省略，但这并不代表我认为肯定不存在人类未知的生命形式。相反，我也相信有未知的生命形式存在，但问题是：既然它是未知的，那么我们怎么谈论它呢？又何谈寻找呢？未知就意味着一切可能，而一切可能其实对具体的科学活动没有指导性。“一切皆有可能”不过是“啥也不知道”的一种美化的委婉说法而已。一场理性的谈话或者理性的探索活动只能建立在已知的条件下，慢慢往前探索，对于未知的生命形式，只能排除在科研活动之外。

本书分为三个部分。上部讲述人类探索外星文明的160多年的精彩历史。

在这过去的160多年中，我们经历过无数激动人心的时刻。从历史的角度来说，人类只是在寻找外星人的道路上跨出了一小步，未来之路可能还有很长很长。但是已经跨出的这一小步却是跌宕起伏，充满无数惊喜和失望。中部则用严谨的逻辑来分析外星人存在的可能性，带你深入了解著名的费米悖论。面对这个困扰了无数科学家的世纪难题，直到今天，科学家们仍争论不休。在本书的下部，我将与所有的读者分享我制定的外星人入侵防御计划，抛砖引玉，希望能激发读者的想象力。最后，你们还将读到一篇精彩的中篇科幻小说，我试图把本书讲到的各种知识点都融入最后的这篇小说当中。

闲话不多说，这就跟我回到人类探寻外星人的起点，让我们扣紧安全带，一辆科学与历史的悬疑过山车已经缓缓启动了。

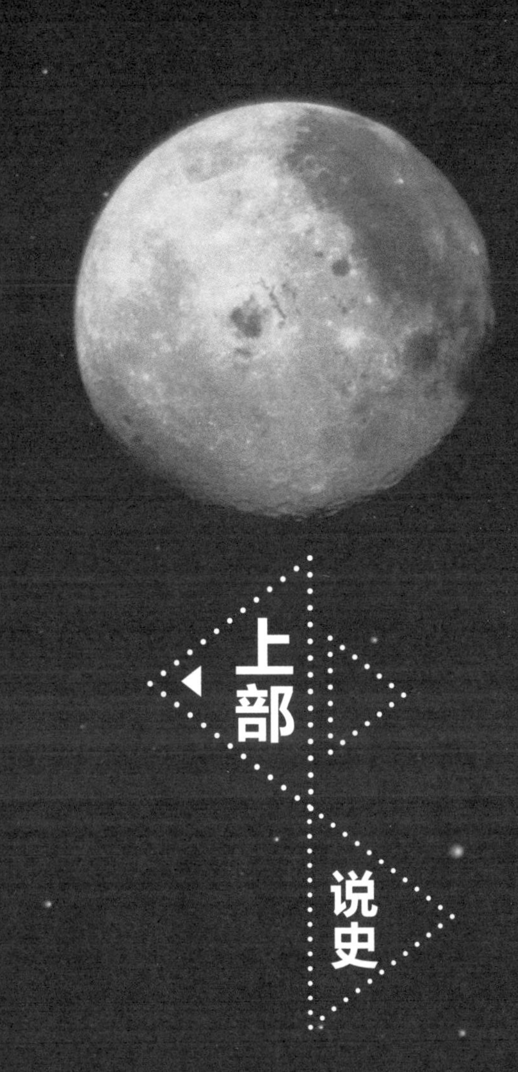

上部

说史

一 火星上的细线

公元1877年，在任何一本历史教科书中都不是一个特殊的年份，找不出什么值得一提的大事件。然而，这一年的8月，对于寻找外星人来说却有着特殊的意义。

在意大利的布雷拉天文台，42岁的天文学家夏帕雷利（Giovanni Schiaparelli，1835年~1910年）正在激动地准备晚上的天文观测，他为了这一天已经准备了两年多。在这个天气异常晴朗的夏夜，火星将和太阳、地球处于一条直线上，这就是所谓的“火星冲日”。这一天刚好又是火星与地球距离最近的日子，这两个巧合就构成了“火星大冲”。这是平均每两年一次观测火星的最佳日子。夏帕雷利是一个火星迷，他已经执着地观测火星10多年了。这个被称为“战神”的红色星球让他如此着迷，在过去的10多年中，他经常有一些令人激动的发现。夏帕雷利有一种强烈的预感，觉得今天将会成为他一生中最值得纪念的日子。

望远镜技术在这几年中有了很大发展，折射式望远镜的技术日臻完美，口径也越来越大。夏帕雷利使用的这台80厘米口径的折射式望远镜制作精良，机械性能良好，可以灵活、稳定地转动角度来补偿地球自转，从而长时间稳定对准火星进行观测。这天晚上，火星大冲如约而至，夏帕雷利熟练地将望远镜对准了这颗迷人的红色星球。

这一晚，观测条件空前的好，火星也十分明亮，在望远镜中呈现出一个清晰的暗红色圆斑。在火星的北极，是白色的极冠，非常显眼。整个火星表面呈现明显的明暗变化，夏帕雷利已经对这些明暗区域细致地研究了很多年，并且绘制了较为详尽的火星地图。他坚信那些暗区是火星上的湖泊和海洋，亮区则是大陆。夏帕雷利给这些湖泊和大陆都起了生动的名字，他的目光缓缓地扫过太阳湖、塞壬海、亚马孙平原……这些地方他已经相当熟悉了，他继续寻找未曾发现的火星特征。时间不知不觉过去了很久，夏帕雷利有点累了，他起身揉了揉微微发红的眼睛，又闭目休息了一会儿，但没过多久，他又坚持爬上了天文台的观测椅。这样的观测条件是很多年才能遇上一回的，他不想浪费任何一分钟。

那个暗红色圆斑又出现在夏帕雷利眼中，还是那些熟悉的明暗区域和极冠……不过，等一下！夏帕雷利突然看到了过去从未看到的东西，那是什么，若隐若现的。他尽可能睁大了眼睛仔细辨认，哦，没错，确实有一些细细的条纹连接着暗区和亮区，这是他以前从未发现的。这些条纹是如此之细，颜色也是如此之暗，但在今晚有利的观测条件下，终于被夏帕雷利看到了。夏帕雷利的神经一下子绷紧了，他抑制住兴奋的心情，马上开始绘制工作，生怕这些条纹会因为天气的变化而消失。时间一点一点过去，天空逐渐亮起来，而火星则逐渐暗淡下去。夏帕雷利起身走下观测椅，激动地看着手里这张画满了线条的草图，他在想：这些线条到底意味着什么呢？

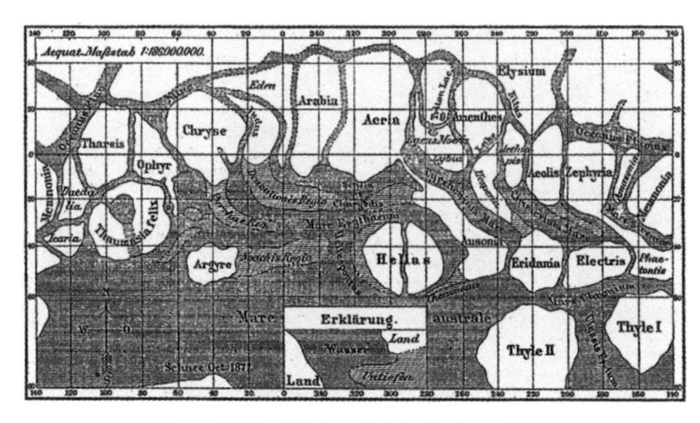

图1-1 夏帕雷利绘制的火星图

夏帕雷利一直认为火星上的暗区是湖泊海洋，而亮区则是大陆，那么连接湖泊海洋和大陆的细细条纹只有一个解释，那就是“水道”（意大利语：

canali）。这个发现震惊了整个天文学界，夏帕雷利是当时天文学界的翘楚，他的任何发现都有非常高的可信度。一时间，这个消息传遍了全世界，不过在传播过程中，“水道”变成“运河”，一方面是因为语言翻译，另一方面，显然“运河”比“水道”听起来更有冲击力。

没过多久，全世界的天文迷们都在说：火星上发现了运河！

二 与干旱斗争的“火星人”

夏帕雷利的新发现让全世界的天文学家都对火星着了魔，地球上几乎所有的天文台都将望远镜对准了这颗可能存在火星人的红色星球。

在与意大利相邻的法国，同样有一位对火星痴迷了10多年的天文学家，他的名字叫弗拉马利翁（Nicolas Camille Flammarion，1842年~1925年），后面我将简称他为弗翁。此时年仅35岁的弗翁已经是法国天文学会的首任会长了，他拿着自己亲手创办的《法国天文学会公报》，看着上面有关夏帕雷利发现火星运河的报道，心里像打翻了五味瓶一般不是滋味。弗翁有点愤愤不平：夏帕雷利虽然比我年长了那么几岁，但是在对火星的热爱程度和研究深度上都比我要差，没想到这么重大的发现居然让他抢先了，唉，既生瑜何生亮啊……No，我绝不能就此服输，必须夺回火星研究界的第一把交椅！

弗翁不仅是个天文学家，还是一个高产作家，他擅长创作科幻小说。他的科幻小说中充满各种各样的奇思妙想，其中最多的是描写如何用科学的方法与死人的灵魂沟通，甚至是地球人与外星人的灵魂融合，在宇宙中不同的地方转世（参见他的小说*Lumen*）。没错，这就是西方的通灵术，在当时的西方，这是一门正经学科，弗翁也是这个学科中的领军人物之一。中国虽然也有这门学科，但基本上属于民间科学，研究者的公开身份以算命先生和道士为主。

虽然，弗翁受到夏帕雷利的刺激很大，发愤图强的决心也很大，但他毕竟不是一个急性子，他相当认真而又耐心地投入到对火星的观测活动中。整整15年后，也就是到了1892年，此时的弗翁已经50岁了，他已经成为享誉世界、著作等身的知名科学家。他的第一本关于火星的专著——《火星》，终于由他弟弟创办的弗拉马利翁出版社（也就是今天法国著名的弗拉马利翁出版集团）出版。在这本书中，弗翁把他多年的观测数据和自己独有的科幻作家的思维相结合，绘声绘色地描述了火星世界的种种奇观。弗翁饱含深情地写道："火星上的亮区是一望无际的沙漠，在沙漠的中间是一片片绿洲，这就是火星上的暗区。英勇不屈的火星人为了和干旱做斗争，修建了庞大的运河系统，从火星的两极引水灌溉他们的绿洲，这些运河就是在望远镜中若隐若现的细线。火星文明是一个比地球还要古老的文明，他们勤劳、善良，他们创造了辉煌的科技和文明，总有一天，我们会和火星人携手共建美好的明天。"

鉴于弗翁在天文学界的地位，《火星》这本书产生了广泛影响，成为火星研究史上具有里程碑意义的文献。这本书的写作风格介于学术专著和通俗读物之间，因而销量非常好，被翻译成了多种语言，远销国内外。弗翁在晚年还有些惊人言论，他61岁时在《纽约时报》撰文称火星人曾经尝试与地球人通讯，但是被地球人错过了。同一年，他还给《纳尔逊邮报》写信，声称当年（1907年）会有一个拖着7条彗尾的彗星袭击地球。到了1910年哈雷彗星出现时，弗翁又在《纽约时报》发表了更为惊人的言论，称哈雷彗星的彗尾会扫过地球，彗尾中的气体含有剧毒，如果不做好防范，人类和所有的生物都将灭绝。这在当时引起了不小的恐慌，但大多数科学家都出面驳斥这个观点，直到哈雷彗星的彗尾真的扫过地球，而所有人都安然无恙时，弗翁的观点才不攻自破。

对火星的研究就像一场全世界范围内的接力赛，意大利的夏帕雷利执交接棒起跑，然后由法国的弗拉马利翁接棒，再下去，将会是谁接手呢？历史选择了一个住在美国波士顿的富二代，他的名字叫洛威尔（Percival Lowell，1855年~1916年）。

三 洛威尔的《火星》

《火星》这本书让洛威尔着了迷，他对庞大的家族产业没有丝毫兴趣，而是全身心地投入到对火星的观测活动中。有钱人一出手就是不一样，洛威尔花巨资在亚利桑那州的沙漠中建造一个专用的天文台，购买了全世界最先进的天文望远镜。到他40岁时，这个天文台终于建成了。洛威尔毅然放弃了城市的舒适生活，来到了远离城市灯光、干燥荒凉的沙漠中，为了火星，一住就是15年。他日复一日、年复一年地观测火星，为火星拍了数不清的照片，仔细研究火星表面一年四季中的变化。不久，他出版了第一本专著，书名也叫《火星》。这本书用极为通俗的笔法写成，引人入胜。在书中，洛威尔展示了他绘制的一系列火星详图。在这些图中，被他标注出来的火星“运河”有500条之多，不但有运河，在运河的交汇处还有巨大的绿洲，这些绿洲上“农作物”的颜色还会随着季节的变化而变化。

美国人洛威尔的这本《火星》一经面世，风头立即盖过法国人的那本。一时间，洛阳纸贵，引来粉丝无数，从民间到学界都把洛威尔奉为火星研究第一人。

但凡事没有绝对，第一位炮轰洛威尔的人出现了。他是洛威尔的美国同胞，著名的天文学家巴纳德先生（Edward Emerson Barnard，1857年~1923年）。要说这个巴纳德，那也是大有名气，他因为发现了木星的第五颗卫星而被推崇为有史以来目光最敏锐的天文学家。要知道，木星的这第五颗卫星个头小，离木星又非常近，想要在望远镜中发现它确实需要超凡的毅力和视力。

巴纳德在公开场合炮轰洛威尔，他说：“我也对火星进行了不知道多少次的仔细观察，但我怎么就看不到洛威尔说的那些运河呢？而且洛威尔这家伙画的火星图细致成那样，简直就是对我的视力的一种侮辱。我敢断言，洛威尔所谓的那些细线不过是他的错觉而已，哼，说错觉还算好听了，其实不过是他个人的幻觉而已。”

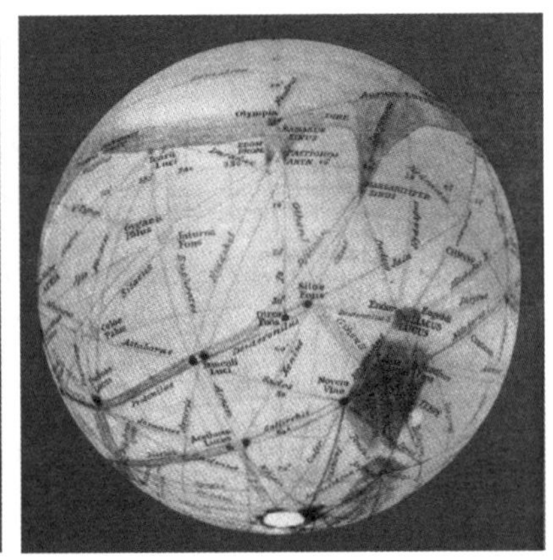

图1–2 洛威尔和他绘制的火星图

巴纳德此番言论一出，立即激怒了洛威尔。洛威尔也在公开场合讥讽巴纳德，他说：“听说有个叫巴纳德的家伙因为自己看不到火星上的运河就说是我幻想出来的。这简直可笑至极，巴纳德这个穷鬼自以为在他那如同儿童玩具般的望远镜里面看到的就是真相了，简直是笑话！我在亚利桑那州沙漠中使用的望远镜根本就不是巴纳德买得起的，而且这个养尊处优的家伙也吃不了我能吃的苦，他在城市中观察天空就像在污浊的下水道里捡石子。仅仅视力好有什么用啊，其实，我的视力也绝对不会比他差。”

洛威尔的回应让整个天文界热闹非凡，火星上的细线成了人们热议的话题。巴纳德的威望和成就比起洛威尔来有过之而无不及。他还以他独有的科学素养画了一张图，用来说明所谓的火星运河的细线是怎么产生的，结论就是根本没有什么细线，全都是人的错觉罢了。巴纳德嘲笑洛威尔和以前所有声称看到火星运河的人，说他们都是被自己的错觉欺骗了。

有一个好事的英国天文学家叫作蒙德（Edward Walter Maunder，1851年~1928年），他根据巴纳德所说的视错觉产生的原理做了一个实验：他在墙上画了一些圆圈，在圆圈里面点了一些不规则的小黑点，然后找来一些小学生，让他们站在较远的地方，在昏暗的灯光下观察这些小圆圈，一边观察一边让他们把看到的东西画下来。结果，这些小学生都在圆圈中间画下了一条条的直线，和洛威尔画的火星“运河”十分相似。

但是执着英勇的洛威尔没有理会这些质疑声，他在1906年和1908年又分别出版了《火星及其运河》和《作为生命栖居地的火星》两本著作，比起严谨的天文学专著，这两本书更像科幻散文。但无论如何，这两本书又在公众中引起了极大的反响。毕竟，在邻近的星球上住着与地球人完全不同的火星人，这个想法实在是太富有戏剧性了。这两本书的出版使得洛威尔的声望达到了顶峰。

四 世界之战

洛威尔的书深深吸引了一个英国人，他叫威尔斯（H.G.Wells, 1866年~1946年）。不过这个威尔斯是个科幻作家，不是天文学家，他对实际观测火星没有兴趣，更不想去沙漠中吃苦，只喜欢舒舒服服地待在自己的家里烤着壁炉看别人的专著。洛威尔的书给了威尔斯很大灵感，他决心创作一部关于火星人的科幻小说。几个月以后，一部名为《世界之战》（*The War of the Worlds*）的科幻小说问世了。这部小说中，威尔斯绘声绘色地描述了这样一个故事：火星人如何入侵地球，地球的军队如何不堪一击，最后火星人又是如何被地球上的微生物击败。这部小说一经问世，便风靡全世界，并被一再改编为广播剧、电视、电影，最近一次我们知道的改编是斯皮尔伯格大导演的作品《世界大战》，由汤姆·克鲁斯主演。笔者很喜欢这部影片，它和另外一部更早一点的描写人类痛打外星人的电影《独立日》构成了姊妹篇，分别从民间和官方的角度诠释了人类面对外星人入侵的故事。威尔斯也因为这部作品成了家喻户晓的火星“专家”，风头远远盖过那个在沙漠中吃了几十年苦头的洛威尔，这让洛威尔胸闷不已。

在整个20世纪上半叶，世人普遍相信火星人是存在的，但此事在当时的条件下既无法证伪，也无法证实。当时，天文学家最强大的天文工具就是光学望远镜，哪怕是在世界上最大口径的望远镜中，火星也仅仅是个暗红色的光斑而已，甚至连到底有没有那些神秘的细线都无法确证。

人类在寻找外星人道路上的下一个突破来自望远镜技术的革命。当时间走到了20世纪30年代，一种新型望远镜被发明出来，它给整个天文学带来了一场革命，也让寻找外星人的事业登上了一个新的高度。

五 望远镜的革命

光学望远镜的原理就是尽可能把可见光通过各种透镜汇聚在一起成像，以此让人类看到肉眼无法直接觉察的可见光。因此，光学望远镜能看多远基本上取决于口径，口径越大收集到的光线越多，更多的光线汇聚起来，就能使更远的物体成像。随着人类对光的本质认识的飞跃，人们终于发现了光本质上是一种电磁波，而可见光只是处在一个特殊频段的电磁波而已，这个频段的电磁波可以被人类的肉眼所察觉。可见光频段之外的电磁波其实也是一种光，只不过是一种不可见光。不可见光也同样能够成像，只需要通过特殊的技术手段做些处理就行了。我们在医院里面看到的各种X光片，就可以清晰地把皮肤下面的骨骼显示出来，X光就是一种不可见光，是一种电磁波。

宇宙中的天体除了发出可见光以外，其实也发出大量的不可见光，也就是各种频率的电磁波。通过探测这些电磁波，我们不但能够使之成像，还能发现很多意想不到的东西。一种叫射电望远镜的新型望远镜终于在20世纪30年代被发明出来，它将给整个天文学研究带来革命的狂风暴雨。

与其说射电望远镜是一个望远镜，倒不如说它是一个超级收音机更为恰当。因为射电望远镜并不是用眼睛去看，而是通过一个巨大的天线来收集各种频率的电磁波，再进行分析，把电磁波转换成图像和声音这两种可供人类直观感受的形式。

电磁波还有个更通俗的叫法，那就是无线电。20世纪30年代，无线电早已渗透到人们的日常生活中，从电报到电台，无不是无线电技术的实际应用。于是人们很自然地想到：既然人类能发明广播，那么火星人也有可能发明广播，如果是这样，说不定我们能收听到火星人的广播。

想象一下，你拿着收音机，在璀璨的星空下转动着频率转换旋钮。突然，一阵怪异的声音传入你的耳朵，你从来没在地球上听过这种声音，你一定会兴奋地大叫起来：“哦，我的天，我收到了来自火星的广播！”这幅景象虽然很诱人，可惜，永远不会发生。火星和地球的平均距离大约是8400万千米，这个距离到底有多远呢？如果坐上当时跑得最快的火车（速度80千米/时）昼夜不停地奔向火星，这趟旅程需要120年。如果火星人的无线电波能到达地球的话，那也一定衰减得非常非常微弱。哪怕是世界上最灵敏的收音机，想要收到火星人的电波，也好像是拿着放大镜去找水分子一样，绝无可能。但如果用一个有着巨大无比天线的射电望远镜，那就有可能捕捉到极其微弱的火星电波，让我们来看看射电望远镜的天线有多大：

图1-3 射电望远镜

看起来是不是就跟大号的卫星电视接收器一样？没错，原理也差不多。当我们把射电望远镜的镜面天线对准火星，就能接收到来自火星的极其微弱的无线电讯号。不但能接受讯号，也能给火星发电报。如果火星上真的有比地球还古老的文明，那么他们也应该具备收发电报的能力。这是一个能和火星人取得联系的靠谱方案。

射电望远镜被发明后没多久，第二次世界大战就爆发了。虽然全球都在打仗，但是技术进步的脚步没有停滞，人类寻找外星人，尤其是火星人的热情并未因战争而消退，越来越多的射电望远镜天文台被建成，天文学家们年复一年日复一日地寻找着火星电波的蛛丝马迹。遗憾的是，尽管射电望远镜的技术已经足够分辨火星上一个普通的广播电台发出的电波，10多年过去了，人们始终没有收到一丝来自火星的电波。

火星文明的存在受到了广泛的质疑，大家不再相信火星上具有超过地球文明程度的火星人。人类的目光逐渐从火星转向更遥远的宇宙。宇宙那么大，除了火星人，一定还会有其他外星文明存在。但宇宙实在太大了，而人类的探测能力实在太弱小，当时人们甚至连太阳系以外是否还有行星存在都无法证明。二战结束后，整个世界都在废墟上重建家园，人们对外星人的热情开始消退，毕竟吃饱穿暖更重要。直到1947年，发生了两起惊人的事件，才再一次激发出了全人类对外星人的热情。

六 飞碟和罗斯威尔

1947年6月24日，一个叫阿诺德的美国商人驾着自己的私人飞机飞过华盛顿州的雷尼尔山上空时，突然发现9个呈碟状的飞行物“嗖嗖嗖”地迅速飞过他身边，瞬间消失在视野中。阿诺德当时异常兴奋，他对着无线电脱口而出：“I see flying saucer.（我看见了飞碟。）”塔台上的工作人员一时莫名其妙，就问他，你刚才说啥。阿诺德兴奋地向塔台的工作人员描述了他看到的东西，他说那些飞碟至少达到了1600多千米的时速，简直快得发疯。当时世界上飞得最快的飞机也只有大约800千米时速。这次事件以后，“飞碟”这个词不胫而走，在全世界广为流传，而且从此后大多数人看到的不明飞行物都和阿诺德描述的差不多，像个盘子。

就在阿诺德声称看到飞碟之后才过了10天，在1947年的7月4日，美国一个叫罗斯威尔的小镇附近的一个农场里，发生了一件震惊全世界的大事，史称“罗斯威尔事件”。这件事让这个默默无闻的小镇成了全世界飞碟迷的圣地，以罗斯威尔事件为故事背景的科幻小说、影视作品更是长盛不衰，最出名的就是那部讲述地球人痛打外星人的美国大片《独立日》。事情的经过大致是这样的，7月4日那天晚上，一场罕见的大雷雨朝罗斯威尔地区袭来。在电闪雷鸣中，农民布莱索听见一声巨响，这声巨响盖过了所有雷声，把布莱索吓坏了。第二天早上，风雨过后，他小心翼翼地出门查看，一幕惊人的景象展现在他面前：农场上布满了金属碎片，一架飞行器坠毁在这里。

后面发生的故事就跟你能想象的美国大片差不多，消息传出去之后，一时间热闹非凡，第一时间就吸引了大批附近的居民前来看热闹。很快，美国军方出现了，他们开着直升机、装甲车，一大批荷枪实弹的军人把看热闹的人群都赶走了，封锁了整个地区。从此，真相被蒙上了一层神秘的面纱。很快，大批新闻记者也赶到罗斯威尔，他们追着采访那些赶在军方到达之前就看过现场的人。到来的记者越来越多，很快，记者的人数就超过了目击证人的人数。凡是目击过现场的人都成了香饽饽，农民布莱索更是被一大群记者围着采访，罗斯威尔的农民们过足了当明星的瘾。最要命的是，谁爆的料猛，谁就受记者欢迎，在这种效应下，猛料越来越多。其中最猛的爆料就是有人声称看到了掉在地上的外星人尸体，这些外星人身高只有1米左右，大头、大眼、小嘴巴，全身包着一种紧身衣。就在全美的新闻媒体都快达到狂热的时候，军方出来辟谣了，说根本没有什么飞碟，只是一颗气象气球坠毁了，请大家不要大惊小怪。但这时美国人早就不再相信美国军方的说法了，罗斯威尔事件继续被不断演绎、传播，这股热潮十几年不衰。

阿诺德遇见9个飞碟成为UFO登上历史舞台的开端性事件。从那之后，海量的UFO目击报告涌现出来，地球似乎在一夜之间充满了外星人，他们驾着飞碟在各地上空呼啸而过。而罗斯威尔事件则让外星人的研究热潮席卷全世界，此后很多年，寻找外星人存在的证据成了从民间团体到正经学术机构的热门课题。

整个20世纪50年代是外星人研究和讨论的黄金10年，一大批全世界知名的科学家卷入这股热潮中，用各自的方法热议这个话题。那年头，如果谁能首先找到外星人存在的证据，那么他将获得的声誉可能是得10个诺贝尔奖都无法比拟的。因此，天文学家们首当其冲，开始了暗中竞赛，八仙过海各显神通，都希望能一鸣惊人。

此时，人们对火星人逐渐失去了热情，更多的天文学家把目光投向太阳系以外的宇宙空间。天文学家心里都清楚，要找到外星人，首先得找到一颗可以供外星人生存的行星。在太阳系内，除了火星之外，其他行星的环境显然不适合智慧生命的发展。它们要么根本没有大气（比如水星），要么温度太高（金星的表面温度达到500多度），要么只是个巨大的气态星球（像木星、土星、海王星、天王星），要么冷得可以把任何气体都冻成雪花（冥王星）。所以，如果要寻找外星人，首先要找到太阳系外行星存在的证据。但这事想想容易，其实非常非常困难。

七 寻找系外行星

从20世纪50年代开始，寻找太阳系以外的行星就成了天文学上最令人着迷的一项观测活动。这个活动的意义不言而喻，既然太阳系有那么多行星，那么别的恒星系也应当有很多行星才对。有行星的存在，才有可能出现外星生命。但问题是，证据在哪里呢？没有证据，哪怕逻辑上再正确，也没法拿到台面上来说。于是，整个学界乃至所有科普迷、天文迷都迫切希望天文学家们能早日拿出系外行星存在的证据，谁要是第一个搞定，一定会引起轰动效应。

但是，以当时的天文望远镜技术，想要直接“看”到系外行星是几乎不可能完成的任务。你可能感到有点疑惑，真的有那么难吗？在科幻电影里面似乎是很容易办到的啊，满宇宙都是各种形状的天体，就算我们现在不能像《星际迷航》中一样开着宇宙飞船满宇宙观光，我们拿着望远镜在天上还看不到吗？是的，完全看不到，让我先来给你看张图片：

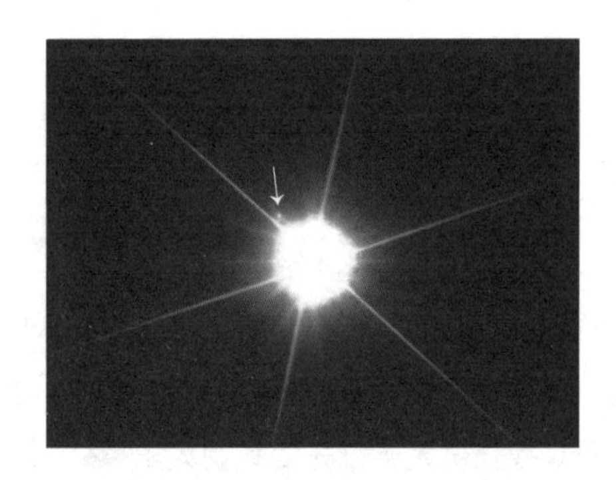

图1-4 光学望远镜中的天狼星

天狼星是夜空中最亮的几颗恒星之一，很容易识别。我们在地面上用大口径的光学望远镜对准它，所拍摄出来的照片就像上图展示的那样。不过你千万不要认为天狼星真实的形状就是像图上那样的一个大刺猬，这是由于地球大气扭曲了光线，就像你从水下看地面上的景物一样；再加上天文摄影时需要长时间的曝光，地球又是在自转，因此拍出来的照片就成了这个样子。真实的情况是，你在那个刺猬状的光团上用针刺一下，刺出来的小洞差不多就是实际拍摄到的恒星的大小。而图片上箭头所指的那个小亮点，你或许觉得那就是一颗行星，确实看起来有点像，而且人们发现它大概40年绕天狼星转一圈。然而，如果做一些简单的计算就会发现，箭头所指的那个天体距离天狼星有好几光年之遥，而且至少像太阳一样明亮，这说明它也是一颗恒星，并且是天狼星的一颗“伴星”，它们互相围绕着对方旋转。

如果在天狼星的边上有一颗不发光的行星，那么它在望远镜中的亮度必然还要再暗淡1万倍。但真正麻烦的并不是行星太暗，而是又恰恰位于一颗很亮的恒星旁边，与恒星的亮度对比后，它会完全隐没在天狼星散发出的那个刺猬状的光团中。所以，想要找到系外行星，靠直接观测是不太靠谱的，必须得想到一些“奇门招数”，从而间接观测到系外行星。

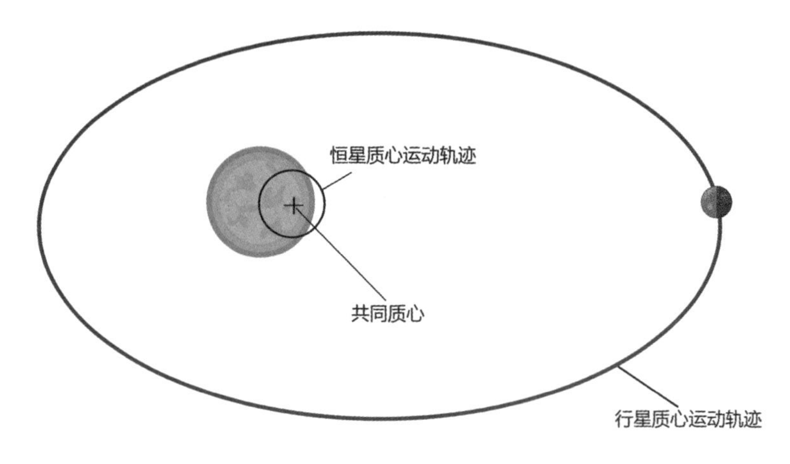

图1-5 行星和恒星围绕共同质心旋转

天文学家想到了一个非常巧妙的方法，他们把这个方法称为“天体测量法”。要理解这个方法的原理，我必须先给大家普及一点基本的物理知识。当一颗行星绕着恒星公转时，粗略地看，是恒星不动，行星绕恒星转动。实际上根据牛顿力学我们可以推算出，恒星和行星其实是围绕着它们的共同质量中心旋转，这个共同质量中心被称为“质心”。但往往行星的质量相较恒星来说非常小，比如我们地球的质量只有太阳的1/33万，所以地日的质心位于太阳内部。因此，尽管摆动幅度非常小，但从理论上来说，恒星是在“抖动”的。换句话说，如果我们观测到宇宙中的某颗恒星在有规律地抖动，那么，除了有一颗行星在围绕着它旋转以外，找不出第二个合理的解释。

但这绝对是一件知易行难的事，说起来容易，真想要观察到恒星的抖动，那可真叫一个难。要知道，我们的地球不但在自转，还在公转，也就是说我们放在地面上的望远镜相对于恒星来说，本身就在不停地运动之中。在这种情况下要观测到恒星的抖动有多难，我打个比方你就知道了。玩过儿童乐园里那种叫作“咖啡杯”的游乐项目吗？你坐在一个大“咖啡杯”里面，而这个咖啡杯又放在一个大圆盘上，游戏启动后，整个大圆盘就会转动起来，与此同时，咖啡杯本身也开始自转，这就和我们地球的状况是一样的。此时，你的任务是坐在咖啡杯里面观察远在几千米外的一盏小小的灯泡发出的微弱灯光，并且要观测出这个小灯泡在1毫米内的轻微抖动。如果有人向你宣布他成功观测到了灯泡在抖动，我恐怕你不会那么轻易就相信他吧。

但是，总会有人第一个吃螃蟹。到了20世纪50年代末，第一个声称找到系外行星的人出现了，他就是彼德·范，来自斯沃斯莫尔学院（一所位于美国费城附近的一座叫斯沃斯莫尔的小镇上的学校）。彼得声称发现了一颗绕着巴纳德星公转的行星，他说他看到了这颗恒星有规律的抖动，证明这颗恒星边上有一颗行星。但基于我前面阐述过的理由，相信彼得的人并不多，不过也没法证明他是错误的。直到今天，这件事也没有个最终结论。

虽然实践难度很高，但不管怎么说，天体测量法是个了不起的主意，它打开了天文学家们的思路，找到了间接观测行星的方法，并且奠定了以后寻找系外行星的各种方法的基础。这时候离人类真正发现第一颗系外行星还有30多年的时间，这个话题我们要稍稍放一放，因为在这30多年中还有很多激动人心的事情值得一说。

要找到太阳系以外的智慧文明，首先要找到太阳系以外的行星存在的证据。这看起来像是一个非常正确的逻辑，但是，真的必须这样吗？这是人类的一种思维定式，想要打破很难，但并非不能被打破。有一位叫戴森的科学家率先打破了这种思维定式，他把人类寻找外星人的视线带向了一个全新的角度。

八 戴森球

美国著名物理学家、数学家弗里曼·戴森（Freeman Dyson，1923年~ ）在1959年提出了一种崭新的寻找外星人的理论，其结论是如果人类能观察到某一颗恒星的亮度在人类活动的时间尺度内（所谓的人类活动时间尺度是相对于天文学时间尺度而言，比如几年甚至上百年都可以算是人类活动时间尺度，而天文学尺度动不动就是几百万、上亿年）逐渐变暗，或者这颗恒星发射出大量具有某种特征的红外辐射的话，这个现象就可以被确认为是那个恒星系有智慧文明存在的证据。我们来看看戴森是如何推导出这个结论的。

戴森认为随着人类文明的发展，对能源的需求会越来越大，而地球上的化学能（石油、天然气、煤矿等）很快就会消耗完毕，并且不可再生。核能虽然储量丰富而且能量巨大，使用核能却有各种各样的危险，并不是理想的清洁能源。最理想的清洁能源是太阳能，但在地球表面可以接收和利用的太阳能非常有限，也不能无限制收集，因为会影响整个地球的生态环境。利用太阳能的最佳办法是到太空中去，要知道到达地球大气层的能量不过是太阳释放出的能量的二十亿分之一，巨大的能量都浪费在虚空的宇宙空间中了。

如何在太空中收集利用太阳能呢？显然，一个不难想到的方法就是发射环绕太阳运行的“太阳能采集器”，然后再利用微波或者其他什么办法传输到地球上来。你可以想象一下，当未来地球的能源逐渐耗尽的时候，人类开始不停地朝太空中发射这种太阳能采集器。文明发展程度越高，对能源的需求就越大，于是乎，环日采集器就发射得越来越多，这些环日采集器就像云一样覆盖在太阳“上空”——这就是“戴森云”。随着环日采集器继续增加，终有一天，整个太阳都被这种采集器包裹起来了，远远看去，太阳就像被包裹在一个巨大的球壳中，这个巨大的“球壳”被称为“戴森球”。戴森认为这是一个恒星系文明发展的必然结果，一个文明只要存续，就必然会发展到需要采集整个恒星能量的程度。我们通过在银河系中搜索这种“戴森球”带来的效应，就能找到已经发展到这类文明高度的外星文明。

图1–6 戴森球假想图

戴森认为这种环日采集器除了会减弱恒星的亮度以外，还会产生一个更容易被人类现有技术检测到的效应，那就是环日采集器会被太阳加热，从而放出大量的红外辐射，虽然是一种不可见光，但是很容易被红外线检测设备捕捉到。在正常状况和在被大量环日采集器包围的情况下，一颗恒星放出的红外辐射会大大不同，检测这种红外辐射效应会比检测恒星的亮度容易得多。戴森在1959年发表的那篇论文的题目就叫《人工恒星红外辐射源的搜寻》，在这篇论文中，他正式提出了通过搜寻宇宙中的红外辐射源的方法来搜寻外星文明。

戴森的这篇论文一经发表，立即引起了全世界同行的兴趣。这个想法初看起来，貌似有很强的科幻色彩，但经过仔细分析和论证后，会发现它在逻辑上非常严密。虽然以人类目前掌握的技术水平，想要制造戴森球是异想天开，但这种设想并没有违反哪条物理规律，戴森球的出现只是时间问题而已。于是，几番热烈的讨论和争论后，世界各地的很多天文学家和实验室开始把戴森的这个想法付诸行动，著名的美国费米实验室就是其中之一。在本书的后面会提到，在美国“地外文明搜寻计划”（Search for Extra-Terrestrial Intelligence，缩写为SETI）中，就有一项搜寻计划是基于戴森球的假设，对宇宙中类日恒星的“重红外”光谱进行搜索，试图用这个方法找到外星文明。戴森的这个主意非常妙，很多天文学家对此报以非常大的期望。但问题是，地面上的望远镜受干扰太严重，工作效率也很低，人类对银河系中的红外辐射源的搜索进展非常缓慢。戴森还要再耐心地等待20多年，才能迎来第一件超级“武器”，本书的各位读者也需要一点耐心来揭开戴森球的真相。

就在戴森球的想法提出后的第二年，一位30岁的年轻天文学家横空出世，在寻找外星人这个领域独领风骚数十年，他将成为本书的1号男主角，他的名字叫法兰克·德雷克（Frank Drake，1930年~ ）。从1961年开始，德雷克便有一系列惊人的才艺施展出来，令人眼花缭乱，目不暇接。

九 德雷克和奥兹玛计划

美国人法兰克·德雷克一定是整个20世纪对寻找外星人最痴迷的人。据德雷克自己说，他8岁的时候就已经坚信外星人的存在，但他父母都是基督徒，而外星人存在的想法严重违背教义，所以他不敢对父母表达这个想法。在康奈尔大学读书期间，德雷克听了一场当时的国际天文学联合会主席、俄裔美国人奥托·斯特鲁维（Otto Struve，1897年~1963年）的主题演讲，在这之后，这个21岁的小伙子就下了决心——为寻找外星人奋斗终生——他确实也为曾经吹过的牛皮奋斗了终生。德雷克先是去哈佛大学深造，学习无线电天文学，然后去了美国国家无线电天文台从事研究工作，后来又加入了喷气推进实验室，可谓纯正的学院派。

德雷克扬名立万的时候年仅30岁。1960年，德雷克使用美国国家无线电天文台的射电望远镜开始了他的第一个地外文明搜寻计划。他给这个计划取名“奥兹玛计划”，“奥兹玛”是童话故事《绿野仙踪》中奥兹王国的女王的名字。这是人类历史上第一个由严肃科学家代表官方实施的外星人搜寻计划，具有开创性意义。但这仅仅是德雷克仗剑行走江湖的第一次出手，在以后的风雨岁月中，他还有众多著名战役。

德雷克当时的武器仅仅是一台口径26米的射电望远镜，他要用这台望远镜监听来自太阳系以外的外星文明电波。但是这么一个小不点是无法做到对巡天扫描监听的，他必须把望远镜对准某一颗恒星，这颗恒星还不能离地球太远，否则信号太弱，望远镜的灵敏度不够。

除了望远镜的灵敏度问题，在用射电望远镜搜寻外星人信号时还要面对一个重大的选择题，那就是到底监听哪个频率。我们在用收音机找电台的时候，会按照89.1，89.2……这样一个个频率找过去，直到找到自己喜欢的电台。不同的电台使用的是不同的频率，如果频率没有调准，那么收音机中只会传来噪声。在电磁波的发现者赫兹生活的那个时代，人类就已经知道频率越高则能量衰减得越慢，也就意味着能传递得越远。显然，如果外星人也懂得发射电磁波的话，他们一定会选择比较高的频率。当然，如果频率太高也会导致信号太弱，所以频率在1000兆赫到10000兆赫之间是比较合适的，德雷克估计外星人会选择这个范围内的电磁波频率向宇宙中传递信息。但问题并没有解决，要知道从1000兆赫到10000兆赫兹之间并不是只有9000种不同的频率，理论上是有无限多个频率，关键在于精度，哪怕是以0.001兆赫为一个最小频率单位，这个范围内也有900万种不同的频率，相对于宇宙空间这个大尺度来说，0.001兆赫这样的精度其实并不高。

到底选择哪个频率监听外星人信号呢？这个问题曾经让德雷克大伤脑筋，只要频率稍稍有一点偏差，即便方向和时间都对了，也会错过信号。但是，在德雷克之前的科学家已经发现，这个宇宙中有一个频率是非常特殊的，那就是波长为21厘米的1420.405兆赫，这就是被称为“21厘米线”的宇宙基准频率。为什么这个频率如此特殊呢？因为它是氢原子发射出来的电磁波频率（每种原子都会发射出不同频率的电磁波）。氢是我们这个宇宙中数量最多的元素，多到每100个原子中就有90多个是氢原子。因此，在宇宙中，21厘米波无处不在，如果外星人掌握了电磁波的知识，也一定会认为这是一个特殊的频率。

于是，德雷克选择1420.405兆赫这个频率，把望远镜对准了距离地球11.9光年的鲸鱼座 τ 星（这个希腊字母念作tao，“桃”），监听了将近100个小时，但是一无所获。德雷克没有气馁，他把望远镜又对准了距离地球10.7光年的波江座 ε 星（这个希腊字母念作“艾普西龙”）。刚对准没多久，就监听到一个每秒8个脉冲的强无线电信号，德雷克激动得心都要跳出来了。可是仅仅持续了几十秒钟，这个信号就神秘地消失了。德雷克怀着激动的心情继续监听，等待这个神秘信号再次出现。皇天不负有心人，10天后，这个信号突然又出现了，这次德雷克抓住机会，对这个信号的各种参数做了详细记录，但是很快，这个信号又神秘地消失了。德雷克兴奋得都要疯掉了，但科学家毕竟是科学家，他还是立刻开始严谨地核实这个信号的来源。很遗憾，最后证实这两次信号都来自天上飞过的飞机。

奥兹玛计划最终以失败告终，这次失败让德雷克痛感一件强大武器的重要性。于是他开始游说有关单位，希望能尽快建造一台超级射电天文望远镜，而且要造就要造一台全世界最大的“神器”。在德雷克的大力推动下，美国启动了阿雷西博望远镜建造计划，这将是一个空前浩大的工程，让我们耐心等待3年，我们很快就要与其见面了。

奥兹玛计划仅仅是个开端，在苦练武功12年后，德雷克还将重新启动奥兹玛计划，好戏还在后头，我们暂且不表。

用宇宙中无处不在的21厘米氢波段来作为宇宙通讯的基准频率，这在逻辑上非常合理，但凡事有利有弊，也恰恰是这个“无处不在”导致信号很容易被干扰。一束带着智慧文明信号的21厘米电磁波如果强度不够，就很容易淹没在宇宙背景噪声中，想要分离出来相当困难。因此，就有科学家建议不应该直接监听21厘米波段，因为外星人也知道这个波段容易被干扰，他们建议采用21厘米波段的某个倍数。科学家麦可维斯基首先建议这个频率最好是氢波段乘π，或者乘2π、3π等。因为π这个数字很特殊，在数学上是个“超越数”，这样的频率在自然中不可能以谐波的形式产生，只有可能是智慧文明所产生。并且，乘π以后的频率就不可能被21厘米波段或者任何它的谐波所干扰。这个观点被大多数天文学家认同，在以后的SETI计划中，氢波段乘π就成了最主要的搜索频率。本书一开头介绍的那部电影中，织女星人正是采用这个频率向地球发射了无线电波。不过，为了保险起见，天文学家也建议不要错过所有氢波段的整数倍频率，这也很可能是外星人采用的频率。

奥兹玛计划失败后，德雷克并没有太过沮丧，因为他心里很清楚自己的实力，这次失败仅仅是因为武器实在太烂而已。他在酝酿筹备一次全世界的武林大会，把全世界分散的寻找地外文明的力量集结起来，形成合力。

十 德雷克的外星人公式

奥兹玛计划失败后的第二年，也就是1961年，全世界钟情于寻找外星人的科学家们在德雷克的号召下，齐聚于美国的西弗吉尼亚，人类历史上首次正式的地外文明搜寻大会召开。在那次会议上，德雷克正式提出了一个概念，“搜寻地外文明计划Search for Extra-Terrestrial Intelligence”（缩写为SETI），他也成了学术界公认的SETI计划的开创人。

在这次大会上，德雷克做了主题发言，抛出了著名的德雷克公式。这个公式可以用来计算“可能与我们通讯的银河系内外星球智慧文明的数量”。

图1-7 德雷克和“德雷克公式”

这个公式很出名，随便找一本讲述寻找外星人的稍微靠谱一点的科普书籍，我保证里面一定会提到德雷克公式。虽然笔者认为德雷克公式的实际意义并不大，但作为一本聊外星人的饭后闲书，还是必须要介绍一下的：

$$N = R \times Fp \times Ne \times Fl \times Fi \times Fc \times L$$

N代表银河系内可能与我们通讯的文明数量

R代表银河系内恒星形成的速率

Fp代表恒星有行星的可能性

Ne代表位于合适生态范围内的行星的平均数

Fl代表以上行星发展出生命的可能性

Fi代表演化出智慧生命的可能性

Fc代表该智慧生命能够进行通讯的可能性

L代表该智慧文明的预期寿命

可以说，德雷克的这个公式从逻辑上来说是相当严谨的，他只用了7个变量，就一环扣一环地推演出最终的结果。如果每个变量能确定，我们确实可以计算外星人的数量，但问题恰恰是：这些变量的数值哪能这么容易估算呢？

在德雷克提出公式的年代距离我们发现第一颗太阳系外行星还有30多年，人类的天文学观测水平和观测成果都还相当有限。所以，在德雷克所处的年代，这7个变量中恐怕只有一个R值（银河系内恒星形成的速率）马马虎虎能估计个大概出来，其他6个变量就只能完全靠拍脑袋来决定了。

德雷克拍了下脑袋，算出来一个10万的数字。他坚信在地球文明毁灭之前，会有10万个外星文明与我们联络。

另外一位美国著名的天文学家卡尔·萨根（Carl Sagan，1934年~1996年）也拍了下脑袋，他算出来的数字居然有100万。

随着天文学的发展，越来越多的观测数据出现后，在不同的年代有不同的天文学家根据德雷克公式算出不同的结果。最近这几年，由于太阳系外类地行星发现成果颇丰，所以N值被不断放大。但无论如何，在出现第一次与外星人联络事件之前，所有的计算仅仅是我们人类的估算，信的人信，不信的人仍然不信。

德雷克公式之所以能声名远播，主要是基于这样一个非常严密的逻辑：因为地球人的出现，可以证明宇宙中出现智慧文明的概率大于0，这一点是证据确凿的。那么，只要样本空间足够大，宇宙中智慧文明的数量就不会唯一，就会随着样本数量的增大而增大。

德雷克公式最大的意义在于它所体现出来的一种思想，把一个原本无从下手的问题分解为一个个可以研究的变量，这些变量在逻辑上环环相扣，只要把这些变量都研究出来，最终答案也就水落石出。

用这个思想，可以让你解决一些看似无厘头的问题，不妨试着用德雷克公式的思想来解决下面两个问题：

1.地球上有多少个异性适合做你的配偶？

2.自人类诞生以来曾经出现过多少个被饭噎死的人？

请你练习一下把这些无从下手的问题分解为一个个可以研究的变量吧，这是个很有意思的思维体操。

十一 射电望远镜之最

30多岁的德雷克已经练就了一身的武艺，但是，他一直在寻觅一件称手的兵器。俗话说："没有金刚钻，揽不了瓷器活。"德雷克精通射电天文学的理论，但如果没有一台威力强大的射电天文望远镜，不管有多好的理论都没用。

影响射电望远镜灵敏度的关键因素是什么呢？是天线，也就是那口"锅"的直径，直径越大灵敏度越高。为了探测从遥远的宇宙中发射过来的微弱电磁波，这口锅做得多大都不嫌大。

麻烦的是，由于受到材料本身的限制，这口锅做不了太大，因为大到一定程度以后，材料的自重就会把整个锅压垮，无法维持优美的弧形。于是人们想到一个办法，那就是在地上刨一个锅形的大坑，然后把金属材料贴在大坑表面，这样就形成了一口巨大的固定在地面上的天线。用这个办法，理论上这口锅想造多大都可以，但是从成本的角度考虑，最省钱的方法是利用现成的山谷。这样只要经过简单的挖掘处理，就可以方便地造出一口锅来。不过你也不要以为这样的地方很容易找。首先，这个山谷的外形必须得是天然的锅形；然后必须远离喧闹的城市，周围人烟越稀少越好，才能使得无线电干扰最少；最后，这个地方的透水性必须要好，否则一下雨，积水渗漏不掉，这天线成了鱼池，就别谈什么搜寻外星人了。20世纪50年代，美国人为了找到一个这样的地方，费了好大力气，最后在南美洲的波多黎各找到一个各方面条件都合适的山谷。于是，美国开始在这里建造一口巨大的射电望远镜，德雷克正是这个计划的发起人之一。

图1–8 阿雷西博射电望远镜

到了1963年，这台射电望远镜终于建成，它的口径达到305米，在足有10个足球场那么大的抛物面上贴了38万片纯铝制成的瓦片，取名叫阿雷西博。从卫星照片上看，阿雷西博就像一口无比巨大的铝锅。随后，美国人评选出了人类20世纪十大工程，排名首位的就是阿雷西博，不过这个评选是在登月工程发生之前。让我们来一睹它的尊容：

007系列电影的《黄金眼》在这里拍摄了外景，如果你看过这部大片的话，对这里应该有印象。除了《黄金眼》，还有好几部电影在这里取景，包括本书一开始就提到的那部讲述搜寻地外文明的影片《超时空接触》。

阿雷西博射电望远镜一建成便稳居兵器谱头把交椅，直到一群中国人向它发出挑战，这头把交椅在阿雷西博落成的半个世纪之后才落到后起的中国人手中。

从阿雷西博的照片中我们可以看出，建设这种超大型射电望远镜的关键问题不是技术，而是要找到这样的一个山谷。一旦找到一个这样合适的山谷，就可以节省巨大的成本。咱中国国土面积大而且多山的好处就体现出来了。从1994年开始，我国就派出考察队在全国范围内寻找一个合适的山谷，我们也要建设超大型射电天文望远镜。整整找了12年，终于在贵州省的喀斯特洼地，黔南州平塘县一个叫大窝凼（dàng）的地方找到了一个非常合适的山谷。你听听这个名字“大窝凼”，就像那么回事，凼就是水坑的意思。如果有个地方叫作“大锅谷”的话，估计会更合适。让我们看一下这个地方长啥样：

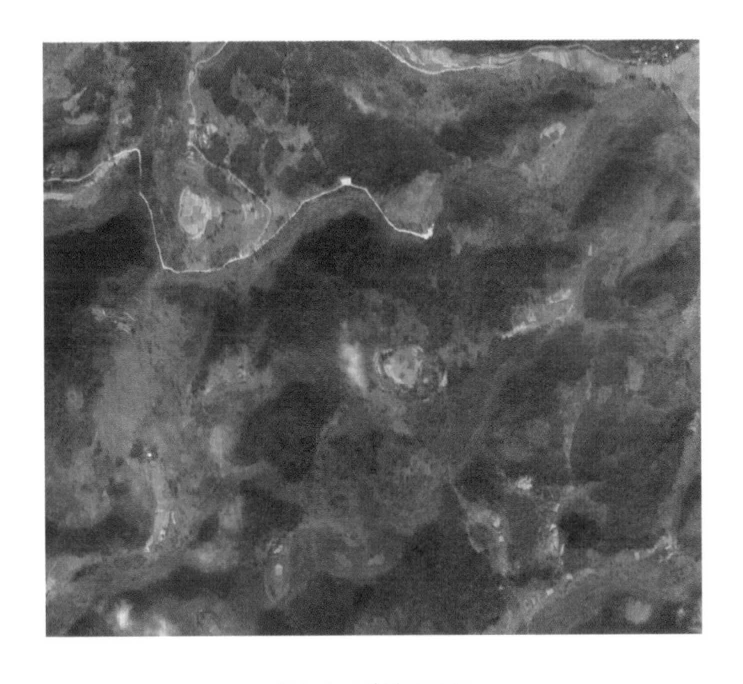

图1-9 大窝凼卫星图

这个地方被发现以后，全世界的天文学家都兴奋死了，因为这个地方简直就是为建造射电天文望远镜定做的。于是，在多个国家的关心和资助下，2007年8月28日，国家“十一五”重大科学工程——500米口径球面射电望远镜（Five-hundred-meter Aperture Spherical radio Telescope，缩写为FAST）项目获国家立项批准。经过了将近10年的建设，终于在2016年落成。它是目前世界上最大口径的射电望远镜，接收面积超过30个足球场，比起阿雷西博，

FAST的综合性能提高了约10倍，这个世界第一的地位估计至少能保持20至30年，被习主席称为“中国天眼”。让我们来看看它的全貌：

图1-10 位于贵州平塘县的中国天眼

这是本书中为数不多的几处能让咱们中国人露露脸的地方。在中国科学院的网站上，我们可以看到，建设FAST的目的之一就是搜寻外星文明发射的无线电波。

但是，这种超大型的射电望远镜也有几个缺点。第一，它不能转动朝向，最多只能通过改变反射镜面的角度来微调焦点的位置，这样就局限了在天空中的搜寻范围；第二，它同一时间只能在某一个波段内工作；第三，由于建造地点和施工难度限制，哪怕有足够的钱，也很难再建更大的望远镜。但是，人类不会被这些问题难倒，在阿雷西博建成的20多年后，一种更新型的强大武器诞生了，在这20多年中，阿雷西博是毫无疑问的“天下第一剑”，大侠德雷克将用这天下第一剑完成两件轰动天下的大事。

但此时的德雷克毕竟还只有30岁出头，他还需要再苦心修炼10年，才能重新启动奥兹玛计划。在德雷克练功的这10年中，发生了三件重要的事情，必须要记录下来。

十二 “水手4号”的火星之旅

说到第一件事情，让我们重新回到“火星人”这个话题上。虽然射电望远镜没能捕捉到来自火星的电波，但此时的人类依然坚信火星人的存在，只是火星人的科技可能尚未达到收发“电报”的程度。要真正揭开“火星人”之谜，就必须发射探测器造访火星。

此时的世界，正值美苏争霸的冷战时期，美国和苏联这两个当时的超级大国在航空航天事业上竞相投入巨资，以显示自己的科技实力。苏联人率先在1961年把加加林送入地球近地轨道，从此加加林成了人类历史上的第一个“太空人”，这件事情在人类文明史上的意义非常重要。或许几万年后，人类史大事记中的第一条为“亚当夏娃走出伊甸园”，第二条就是“加加林迈入太空”。

苏联人把目光投向了火星，发誓要赶在美国人前面把人造探测器扔上火星。1962年11月1日，在全世界的注视下，苏联的“火星1号”探测器发射升空，这是人类火星之旅的开端。按计划，“火星1号”将被发射进入火星环绕轨道，并对火星高空拍照，照片可以传回地球。“火星1号”还安装了先进的生命探测仪、磁场探测仪和辐射探测仪。几乎可以肯定，如果“火星1号”顺利进入火星轨道，那么“火星人”是否存在的谜题将被破解。

然而，“火星1号”升空后4个月，在飞到距离地球1亿千米左右的地方时，突然与地球失去了联系，从此一头扎进茫茫太空，杳无音讯。苏联人的火星探测计划严重受挫。

“火星1号”的失败让美国人舒了一口气。相比之下，美国人的计划就显得比较稳重，他们计划先向距离地球最近的金星发射探测器，积累经验后再发射火星探测器。在“火星1号”发射的4个多月前，美国人就发射了“水手1号”金星探测器，但发射仅仅5分钟后，因为搭载“水手1号”的阿特拉斯火箭发生故障偏离轨道，美国空军果断发射导弹摧毁了它。紧接着，美国人又发射了“水手1号”的备份探测器“水手2号”。在“火星1号”传回失败消息的同时，“水手2号”成功近距离掠过金星，传回了大量关于金星的第一手资料。“水手2号”在掠过金星后，被金星的引力加速，像一个链球一样被“甩”向火星，但限于当时的技术水平，“水手2号”无法准确进入火星环绕轨道，只能在飞行1年多后从火星附近掠过。虽然距离太远无法拍摄到火星地表的照片，但美国人距离揭秘火星仅仅一步之遥。

1964年11月是一个绝佳的探测火星的“窗口期”，美国人在3周内相继发射“水手3号”和“水手4号”两个互为备份的火星探测器，这是一个双保

图1-11 火星地表照片（此图并不是水手4号的第一张火星照片）

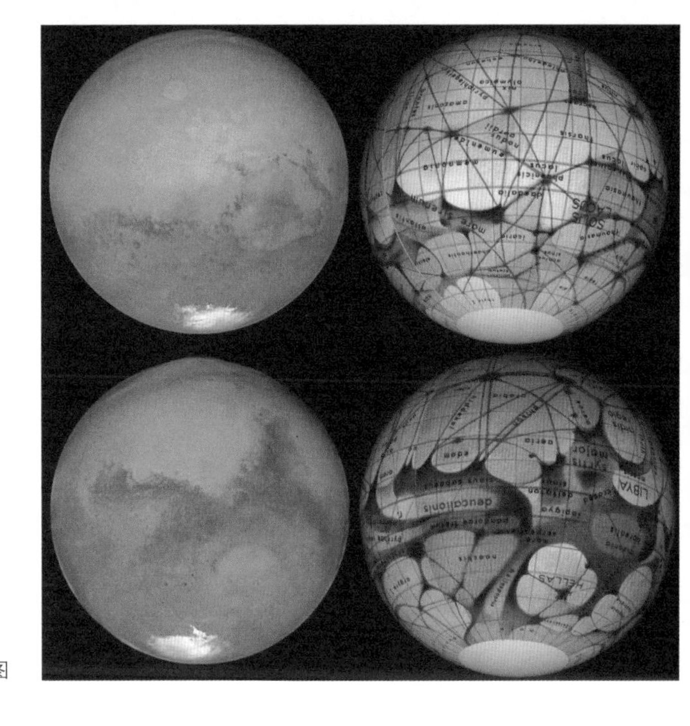

图1-12 火星照片与运河图

险。果然，“水手3号”因为火箭无法抛弃喷嘴整流片而失败，“水手4号”则成功踏上了飞向火星的征途。

经过七个半月的漫漫飞行，“水手4号”终于在次年7月成功抵达火星环绕轨道。第一张近距离的火星照片被传回地球，困扰了人类一个多世纪的火星人之谜终于被揭开：火星是一个荒凉的戈壁世界，布满了陨石坑，虽然有一层极其稀薄的大气，但火星的地表几乎“裸露”在太空中。这里没有运河，没有绿洲，没有农作物，更没有火星人。

“水手4号”是第一个成功造访火星的人类探测器，它让科学界欢呼，却让全世界的科幻作家捶胸顿足。从此以后，科幻小说中的外星人没有办法再驾着飞碟从火星而来，只得从遥远得多得多的其他恒星系飞来。因为距离的数量级变化，外星人飞临地球的技术难度也增加了不止一个数量级，科幻作家们不得不头疼地给恒星际航行寻找科学原理，其难度和成本也大大增加。

1965年也成了科幻界“外星人”的分水岭。在这之前，我们地球人还有一个同为“太阳系人”的同胞“火星人”，地球人和火星人可以并肩战斗，抵抗“外太阳系人”的入侵。在这之后，地球人只能孤独地代表太阳系文明与其他星系的文明接触了。

十三 “小绿人”信号

第二件事情是关于一个神秘的无线电信号。

1967年，英国剑桥大学天文台建造的一台英国最大的射电天文望远镜落成，这台超级巨大的射电望远镜采用了很多新型技术，接收面积达到了2万平方米，差不多相当于三个足球场那么大。这台望远镜的灵敏度非常高，可以探测到来自宇宙深处的微弱信号。

这台望远镜从1967年的7月开始正式投入工作，每天都会得到大量观测数据。但那个时候，要存储这些数据可不像今天这样方便，直接存在电脑硬盘中即可。那时只能用记录纸带记录观测数据，这台望远镜每天打印出来的记录纸足有七八米长。

剑桥大学卡文迪许实验室的安东尼·休伊什（Antony Hewish，1924年~ ）教授是这个项目的负责人，为了检测刚刚投入使用的这台超级射电望远镜是否运转正常，需要对数据记录做一些最基础的校验工作。这些基础工作很重要，但却非常烦琐，基本上属于体力活。休伊什教授叫来了他的一个研究生，24岁的乔丝琳·贝尔（Jocelyn Bell，1943年~ ）小姐。教授指着一堆长达100多米的纸带对贝尔说：“从今天开始，你每天就帮我分析这些纸带上的记录，按照我教给你的校验方法，仔细过一遍，千万不要有什么遗漏。”

休伊什教授在很多年以后都会庆幸自己选对了人，贝尔小姐具备一位研究者的耐心和细致，她非常认真地一厘米一厘米地分析纸带上的数据。到了10月的某一天，贝尔小姐发现了一些不寻常的东西。

有一段几厘米长的记录引起了贝尔小姐的注意，这段记录表明：似乎有一个神秘的信号源每到子夜时分就会发生闪烁。而每天的子夜时分，射电望远镜正对着狐狸星座的上方，坐标是赤纬约23度，赤经约19时20分。贝尔小姐立即将这个情况报告给休伊什。

教授对这个原因不明的信号产生了浓厚的兴趣，他们怀着激动的心情，决定针对这个区域作进一步的详细观测。两个人虽然嘴上不说，但心里面都在想：会不会真的是那件事的证据被找到了，这绝对会成为一个震惊全世界的发现。11月28日，自动化记录笔在纸带上绘出了一连串脉冲曲线，这个神秘的射电源发出的无线电脉冲波长是3.7米，每两个脉冲的间隔都等于1.337秒，精确得令人发指。休伊什教授震惊了。在努力排除了一切人为干扰等可能性之后，他望着狐狸星座，想到了科幻小说中名为“小绿人”的外星人。于是，这个神秘的信号被正式命名为“小绿人信号”。

休伊什教授最开始认为，这是居住在一颗行星上的外星人发出的射电信号。这颗行星围绕着它的太阳公转，精确的公转周期引起了脉冲信号精确的周期性变化。但是教授又很快否定了自己这个浪漫的想法，哪有一颗行星1.337秒就绕自己的太阳转一圈？如果这样的话，那颗行星上的一年岂不是只有1.337秒？这简直太疯狂了。随着进一步观测发现，该脉冲宽度仅为16毫角秒，据此算出发射出这种信号的天体的直径小于3000千米，正是当时最新的恒星理论中预言的白矮星或者中子星的尺度。

到了第二年，有着超常毅力的贝尔小姐在长长的记录纸带中，又发现了4个同样性质的射电源。它们的共同特点都是间隔时间非常短，只有几秒钟，频率都是81兆赫，这就更加排除了外星人的可能。你说哪有那么巧，这么多的外星人全都刚好用81兆赫的频率，在宇宙中不同的地方不约而同地呼叫地球。

后来的精密测量表明，他们观测到的脉冲信号是由该天体自转造成的。1968年2月，著名的英国科学刊物《自然》杂志报道了休伊什教授观测到的来自天体的周期性脉冲射电辐射，其周期短而精确，为1.3373011秒。天文学家形象地将其命名为“脉冲星”。虽然休伊什教授没有找到外星人的证据，但是，他和贝尔小姐一起发现的脉冲星也足以让他们载入人类的天文学史册了。休伊什教授因此获得了1974年的诺贝尔物理学奖，不过，现在大家普遍认为贝尔小姐更应该得奖。乔丝琳·贝尔后来也成为著名的天文学家，担任过国际天文联合会的主席。

后来人们确信，脉冲星就是快速自转的具有强磁场的中子星。在这样的天体环境里当然不会有任何生命存在。但是，脉冲星却是天文学上的伟大发现，是现代天体演化研究的一个巨大进展。

十四 默奇森陨石

第三件事情是跟一颗神奇的陨石有关。

人类不仅没能在火星上找到“火星人”的踪迹，甚至连最最基本的生命构成物质——有机物，都没有找到。太阳系中除了地球，似乎不存在任何生命物质。这个事实让天文学家多少都感到有些沮丧，他们迫切需要一点新发现来重新振奋一下寻找外星人的热情。

这个新发现如同雪中送炭一般在1969年从天而降。

1969年9月的一个星期天早上，澳大利亚上空突然出现一个巨大的火球。伴随着惊天动地般的隆隆声，这个巨大的火球从东到西划过天空。很多澳大利亚人声称火球划过的地方留下一种像是酒精饮料的气味，但肯定不是白兰地，因为那种气味很难闻。火球在墨尔本以北的一个叫作默奇森的小镇上空爆炸，陨石雨点般洒落下来，最重的一块有5千克多，幸好没有人被砸到。在躲过了这轮“空袭”后，小镇上的居民们兴高采烈地捡起了天赐的礼物—— 一种罕见的碳质球粒陨石。要知道，当时阿波罗登月飞船刚刚从月球归来，全世界各大新闻媒体都在连篇累牍地谈论着月球岩石标本什么的，对于这种天外来物，全世界都有一种罕见的热情。这些默奇森陨石很快就被不同的研究机构买去，没过多久，一些惊人的消息陆续传来。这些至少已经在宇宙中存在了45亿年之久的天外来物上布满了氨基酸，并且种类繁多，超过了74种，其中只有8种是地球上出现的种类。这绝对是一个惊天动地的发现，人类第一次在地外宇宙中找到了构成生命的必须物质。虽然氨基酸还不能被称为生命，但找到了氨基酸就相当于找到了构成生命的“零件”，我们离发现真正的外星生命已经如此之近。然而，默奇森陨石的奇迹还没结束，到了2001年，也就是陨石坠落30多年后，美国加州的埃姆斯研究中心宣布，他们在默奇森陨石中发现了一系列复杂的多羟基化合物，也就是一种“糖”，而这种糖是地球上不曾发现过的，是真正的外星糖。虽然，糖也不能称为生命，但它又比氨基酸离生命更近了一步。

自1969年默奇森陨石事件以来，又有几块碳质球粒陨石坠入地球，其中最著名的一块于2000年坠落在加拿大的塔吉什湖附近。这些陨石都一再向我们证明，宇宙中存在丰富的化合物，生命的基本元素并不只在地球上存在。

默奇森陨石中发现有机物的消息振奋了全世界的天文学家，尤其是正在苦练内功的德雷克博士，他加快了发起第二次奥兹玛计划的进程。

十五 SETI计划的高潮

“SETI计划”，即搜寻地外文明计划（Search for Extra-Terrestrial Intelligence），是德雷克在1961年正式提出的概念，被用来指代那些靠望远镜监听太空“声音”来寻找地外文明的计划。从此以后。德雷克就成了SETI计划的领导者。

英勇的德雷克并没有被第一次奥兹玛计划的失败击倒，1972年，他率领着一队来自多个国家的科学家开启了第二期奥兹玛计划。这次德雷克是有备而来，他们使用了包括阿雷西博在内的许多精良设备整整做了4年观测。在这4年中，总共监听了650多颗距离地球80光年内的恒星，监听频率也从之前的氢波段增加到了384个不同的频率。不过，这次好运气依然没有降临到德雷克头上，他们仍然没有找到外星人信号。

第二次奥兹玛计划期间，正值美苏冷战的高潮。在搜寻外星文明上，苏联人也不甘落后，他们也组织了大量的人力、物力来搞SETI计划。1973年，几个苏联天文学家公开宣称他们接收到了外星人“来电”，这份来电来自于波江座ε星。还没等美国人回过神来，苏联人又宣布他们已经成功破译了这份“来电”，大意是：从此处出发，我们的家在波江座ε，这是一对双星，我们在七个行星中的第六个行星上，请对向我们……我们的实验室正在你们的卫星（月球）附近。但是苏联人无法提供进一步的证据，也不肯说出收到电文的具体时间、信号的频率以及天球坐标等，基本上可以肯定是开了个国际玩笑。因为美国人成功登月让当时的苏联很没面子，他们就想出这么一个法子来刺激一下骄傲的美国人。刘慈欣在他的科幻小说《三体》中，绘声绘色地描述了当时处于文化大革命时期的中国也在搞SETI计划。当然，大刘写的只是科幻，我并没有查到这方面的可靠记录。

第二次奥兹玛计划之后，人类再未停止对外星文明信号的探测，以美国为首的各个国家的各种SETI计划此起彼伏，规模有大有小。终于，在1977年发生了一件大事。

1977年8月16日，美国俄亥俄州立大学的大耳朵射电天文望远镜观测站，数据分析员恩曼博士（Dr. Jerry R. Ehman）像往常一样阅读望远镜输出的数据记录纸带。突然，他揉了揉眼睛，几乎不敢相信自己看到的东西。数据记录带明确显示在氢波段上记录到了一个持续了72秒的强烈的脉冲信号。恩曼激动地在记录带上画了一个红圈，然后在边上写下“Wow！”让我们来看下那个著名的红色Wow：

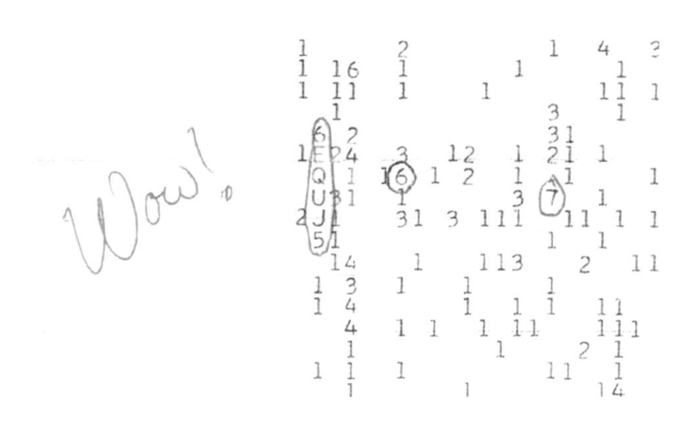

图1–13 Wow信号原始记录

于是这个信号就被称为“Wow信号”，只记录了72秒钟的原因是大耳朵射电望远镜本身随着地球的自转一起转动，因此对于任何一个来自地球以外的信号最多只能记录72秒钟，超过这个时间，望远镜就转到别的方向上去了。经过定位分析发现，这个信号来自人马座附近。该消息一经公布，全世界的天文学家都欣喜万分，他们纷纷把望远镜对向人马座区域，使用Wow信号的频率开始监听。但是直到今天，我们再也没有收到来自这个方向的特殊信号。Wow信号是到目前为止的所有SETI计划中最出名的一次事件，遗憾的是只记录了信号的强度，而没有记录这个信号更多的信息，因此无法破译也无法证明它确实是外星文明的信号。但人们也无法证明它是一个误会，它带给了我们无限希望和无限遐想。

这一阶段，SETI计划达到了空前的高潮。

十六 先驱者号的礼物

就在全世界的天文学家都热衷于SETI计划的时候，美国著名的天文学家、科幻小说作家，我们的老熟人卡尔·萨根也没有闲着。他在想另外一件

图1-14 先驱者10号探测器效果图

比SETI更有趣的事，那就是给外星人送去一件来自地球的礼物。

这个想法听起来有一点疯狂，但卡尔·萨根真的做到了，事情是这样的：1972年和1973年，美国先后发射了两个空间探测器，分别叫“先驱者10号”和“先驱者11号”。一个的主要目标是探测木星，另一个的主要目标是探测土星。这两个探测器完成探测行星的使命后，会借着惯性继续往宇宙深处飞去，飞到一定距离后，就好像断线的风筝一样，人类就无法再控制这两个探测器了。我们的老熟人卡尔·萨根在得知这个消息后，就开始游说美国国家航空航天局（National Aeronautics and Space Administration，简称NASA）。萨根对NASA的领导说，何不在这两个探测器上携带一点送给外星人的礼物呢？反正风筝断了线以后就有去无回，闲着也是闲着，唯一能起到的作用也只能是当作漂流瓶了，总比就这么白白浪费了的好。NASA最终被萨根说服了，他们给了萨根三个星期的时间设计这份礼物。

萨根很兴奋，他马上找来了老朋友德雷克博士，一起研究设计礼物。他们想：首先，礼物必须很轻，因为火箭的发射成本是以有效载荷的克数来衡量的。然后必须要能保存很久，至少是要以百万年来考量。经过一番研究和论证，最后他们俩决定在这两个探测器上各放置一块大小如A4纸的镀金铝板。铝是最轻的金属之一，而金又是稳定性最好的金属材料之一，因此镀金的铝板是最佳选择。他们计划在这块铝板上绘制一幅图画，作为地球人带给外星人的信息。但到底画一幅什么样的图上去呢？这俩人伤透了脑筋，既要保证带有足够多的信息，又要保证外星人能够看明白，这可不是件容易的事情。时间紧，任务重，不由得他们多想，最后他们决定了这样一幅图画，并且由萨根的老婆执笔，把它画了出来。

第一部分：表示氢原子。氢是宇宙中存在最广泛的元素，对氢原子的认识程度代表人类对微观世界的认识程度，大致可以反映人类文明发展的高度。

第二部分：太阳相对于银河系中14颗脉冲星的位置。这个部分用来帮助外星人找到人类在银河系中的具体位置。15条直线均由同一处放射出来。当中的14条在线上有一列以二进制形式写上的数字，这表示银河系中14颗脉冲星（中子星）的脉冲讯号周期。由于每一颗脉冲星的讯号周期会随时间而变化，所以外星人可以依据当时的脉冲周期计算这艘太空船的发射时间。线条的长度表示那些脉冲星相对于太阳的距离。每段线条尾部的记号则表示其交错于银河平面上的Z坐标。当外星人寻获这块板时，很可能只能看见其中几颗脉冲星，所以需要标示14颗脉冲星之多，以提供更多的坐标。至于第15条线则向右延伸到人类形象图之后，这条线表示了太阳与银河系中心的相对距离。

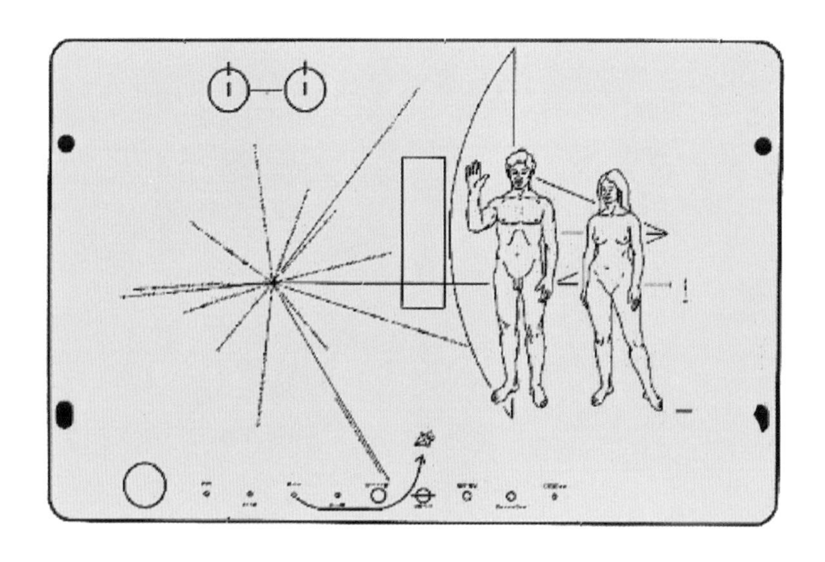

图1-15 先驱者镀金铝板

第三部分：是先驱者探测器的外形轮廓。这个轮廓的前景是人类的形象，表示了人类相对于探测器的大小。

第四部分：人类的形象。没想到，这一男一女的两个裸体形象惹来了不少麻烦。萨根他们的本意是想让外星人能够清晰了解人类的真实外观，所以没有给他们穿上衣服。但是温和的批评者们认为这样会让外星人误以为人类真的是一群不穿衣服的“动物”，而是否遮挡身体也是文明程度的重要标志。激烈的批评者认为，这个金属板上的图形必然会成为重要的科普材料在青少年中广泛传播，而这么暴露的裸体形象实在有害青少年的身心健康（不要喷饭，注意那是20世纪70年代，美国人也是很保守的）。《芝加哥太阳时报》在发表这幅图的时候，有意把男女的“关键部位”打上了马赛克。但是《洛杉矶时报》没有打马赛克就直接发表了，果然收到了很多读者措辞强烈的警告信，他们指出NASA在用纳税人的金钱向外太空发布淫秽信息，而报社就是同谋（这帽子大得夸张）。

第五部分：太阳系。在板的底部绘有太阳系的图示，还有一个细小的图形以代表探测器。从图中可以看到探测器经过木星后离开太阳系的轨道。还给土星绘上了光环，希望以这个特征来突显出太阳系，便于寻找。每个行星旁的一组二进制数字是该行星距离太阳的相对距离。单位等于水星公转轨道的十分之一。

这张镀金的金属板一式两份，分别放在先驱者10号和11号上，目前正飞行在距离地球100多亿千米的太阳系边缘上。从现在的眼光来看，这两张金属板详细地暴露了地球的位置和人类技术文明的高度，是极具争议的。但是以人类目前掌握的技术是不可能把它们收回来了，或许几百年以后我们能发射速度更快的飞船把它们追回来。不过各位读者也不必太担心，先驱者10号目前正以每年2.6个天文单位的速度朝向金牛座的双星前进，如果金牛座双星没有相对速度的话，先驱者10号将会花上大约200万年的时间到达那里。对于一个文明来说，200万年是真够长的，或许已经足够让我们做好应对强大的外星人入侵的准备了。另外，几百万年以后，图中第2部分的那些脉冲星会发生很大变化，太阳的位置也会发生很大的变化，外星人想要据此找到太阳系的位置恐怕也是非常非常困难的。

十七 呼叫外星人（METI）

利用射电望远镜，通过电磁波来寻找外星人是一种靠谱的科学方法，在SETI计划中，人类就试图通过“监听”的方式来发现外星人存在的证据，但这是一种被动的方式。另一种更加主动的方式是给外星人发射信息，如果他们收到，就有可能给我们回电。这种主动发射信息的方法被称为“Message to the Extra-Terrestrial Intelligence”，简称METI，也可以称为“主动SETI”。

人类的第一次METI行为发生在1974年。这一年，阿雷西博射电天文望远镜改造完成，综合性能大幅提升。为了庆祝，美国人决定给外星人发一条信息，这就是著名的“阿雷西博信息”，是人类第一次向宇宙宣布人类文明的存在。发射阿雷西博信息的重任又落在了我们的老熟人德雷克身上，德雷克相当激动，立即摩拳擦掌开始了行动。

要向宇宙中发射电磁波信号，想起来似乎很容易，但实际操作起来，必须要确定三个最基本的问题：第一，用什么频率发射？第二，往哪里发射？第三，发射什么样的信号？

第一个问题比较容易解决，那就是用氢波段附近的频率发射信号。之前已经解释过，从逻辑上来说这是最有可能被外星人监听的波段。阿雷西博信息最后决定用氢波段频率的三分之二作为发射频率，波长为12.6厘米。

第二个问题稍微难一点。向宇宙中发射无线电信号，以我们现有的技术是不能全宇宙广播的，因为电磁波的能量会随着距离增大而衰减。为了尽可能发射得远，就必须把能量集中在一个方向，就像激光，一下把电磁波定向发射出去。但宇宙实在是太大了，电磁波总要随着距离的增大而慢慢扩散，能量也随之衰减。银河系中至少有2000多亿颗恒星分布在一个直径10万光年的铁饼形区域中，我们在银河系中随机选到一颗恰好有外星文明的恒星的概率比中千万彩票大奖的概率还低。因此，德雷克觉得好不容易有了一次发射信号的机会，不应该只选择一颗银河系的恒星来发射，那样中奖的概率太低了。经过一番思考和论证，德雷克决定朝一个叫作“M13”的球状星团（武仙座球状星团）发射信号。在直径165光年的一个球形区域中，这个球状星团分布了大约100多万颗恒星，密度远远超过银河系恒星的平均密度，这样就大大增加了中奖概率。M13离地球十分遥远，有25,000光年之遥，这就意味着即使有外星人收到了我们的信息，也是25,000年以后的事情了。如果他们收到信号之后再给我们回一个电报，我们还要再等上25,000年。也就是说，5万年后的地球人有可能和武仙座人建立联系。

第三个问题是最有挑战性的问题。我们要发射什么样的信息，外星人才能看得懂呢？我们显然不能指望外星人懂得地球上的任何语言。所以最保险的方式是让外星人能够非常容易地把信号转换成一幅图画。电磁波信号只能由强弱不一的脉冲组成，你可以想象一下发电报的嘀和嗒，一个长脉冲表示嘀，短脉冲表示嗒。好了，现在如果你是当年的德雷克，你会如何利用这个嘀嗒声来完成一幅图画的创作呢？

让我们来看看德雷克是如何做的：

首先，他把脉冲的总数量设计为1679个，这个数字只能分解为23和73两个质数的乘积。因此，外星人只能把这段脉冲拆成23行73列，或者73行23列，才能刚好断成一个完整的矩形，一个脉冲也不多，一个脉冲也不少。他想，如果外星人连收取电磁波信号的技术都有了，肯定不至于笨到不会试着把这一连串的脉冲断行处理。巧妙的是，如果外星人把脉冲断成了23行，整个信号就会变成一种白噪声（这是一个术语，简单理解为杂乱无章、无规律可循的噪声即可）。如果外星人把脉冲断成73行23列，则会发生一些奇妙的变化，只要把这些看似毫无规律的脉冲信号画下来，将其中的嘀声（长脉冲）涂成黑色，嗒声（短脉冲）涂成白色（当然反过来涂色也是一样，只要颜色不同即可），一副有明显规律的图画就会展现在外星人面前，我们可以展开丰富的想象力，以某个科幻电影为蓝本，想象一下某个外星人译电员第一次看到这幅图画的情景。

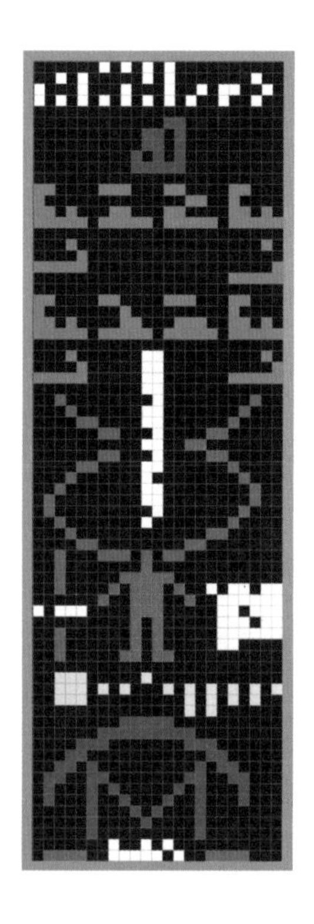

图1-16 阿雷西博信息

相当神奇吧，如果你是那个外星人译电员，你会如何解读这幅图像呢？我估计你除了那个红色小人以外，其他啥也没看出来。但是你要想，作为外星人，对人类的外形完全没有概念，那个红色小人的形状在他们眼里跟这幅图画上的其他形状没有什么区别。但是很多玄机就藏在这幅神奇的图像当中，让我来逐个解释，你来判断一下外星人能否成功破译。

第一部分：数字

这相当于整个阿雷西博信息的破译指南，人类首先申明了在这幅图画中

怎么表达数字。我们认为，不论任何形式的文明，数字的概念是一定存在的，而用数字来沟通是最理想的宇宙语言。从左到右，依次用二进制来表示数字1到10，注意第四行是表示起始位置，后面凡是表达数字的地方都会把第一位打成实心，表示起始位。如果没有这样一根“基线”，就可能产生歧义。把1到10用二进制表示出来，也表示着我们人类用的是10进制系统。

第二部分：5种化学元素

这是宇宙中5种化学元素的原子序数，它们从左到右分别是：氢(1)、碳(6)、氮(7)、氧(8)、磷(15)。我们假定，能接收阿雷西博信息的外星人也应该掌握了人类在100多年前已经掌握的基本化学元素知识。宇宙中的生命形式再怎么变化，构成这个宇宙的基本化学元素是不会变的，这是宇宙的普适规律。这一行申明了5种人类认为最重要的化学元素。

第三部分：5种元素构成的生命物质——核苷酸

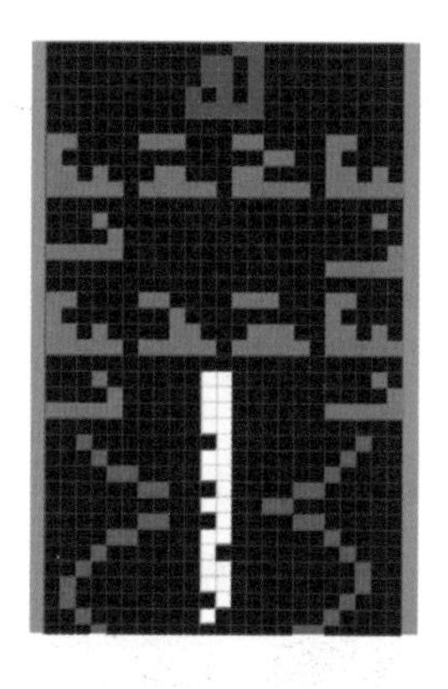

这部分比较复杂，总共有12“堆”绿色的图形，每一堆绿色代表一个化学分子式，这些化学分子式就是由第二部分的5种基本元素组成。

第1行：去氧核糖（Deoxyribose, C_5H_7O）、腺嘌呤（Adenine, $C_5H_4N_5$）、胸腺嘧啶（Thymine, $C_5H_5N_2O_2$）、去氧核糖（Deoxyribose, C_5H_7O）

第2行：磷酸盐（Phosphate, PO_4）、磷酸盐（Phosphate, PO_4）

第3行：去氧核糖（Deoxyribose, C_5H_7O）、胞嘧啶（Cytosine, $C_4H_4N_3O$）、鸟嘌呤（Guanine, $C_5H_4N_5O$）、去氧核糖（Deoxyribose, C_5H_7O）

第4行：磷酸盐（Phosphate, PO_4）、磷酸盐（Phosphate, PO_4）

这12种有机分子是构成一切地球生命物质的基础，正是因为5种元素在自然界中奇妙地组合在了一起，才形成了地球上千变万化的生命形式。

第四部分：脱氧核糖核酸（deoxyribonucleic acid，缩写为DNA）的双螺旋结构

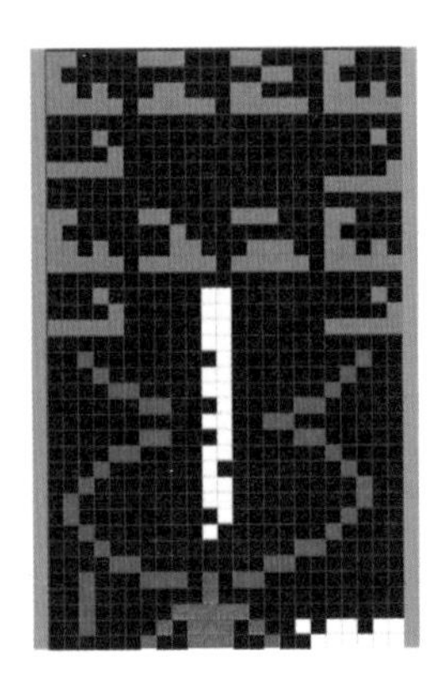

到了第四部分，德雷克描述了DNA的双螺旋结构。正是上面12种最基本的生命分子，神奇地组合成了双螺旋结构，才诞生了真正的生命。中间的白色部分是一个很大的数字，代表着一个DNA中核苷酸的总数量，也就是4,294,441,823个。

第五部分：DNA构成了人类

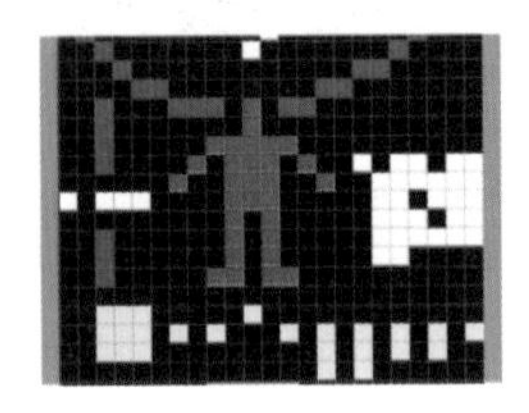

在这一部分，人类登场了。中间的红色部分是一个人的基本形象。左边的那根蓝色条和人等高，中间的白色部分是一个数字，用来表示人的身高的具体值。这个数字是14。你可能会奇怪为什么人的身高要写个14，这恰恰是德雷克高明的地方。你想啊，一个物体的长度离不开单位，我们只能给出数字，但是无法准确地向外星人表达单位。所以，为了让外星人对我们表达身高的这个数字产生实际意义，就必须以一个双方都理解的长度作为参照物。而在这个电磁波中，有一个天然的长度参照物，那就是波长，这是宇宙普适的规律。在地球上我们把这个波长记作12.6厘米，那么不管外星人用什么单位来计量，这个波长就是最好的参照物，我们只要指明人类的身高相对于这个波长的倍数，就能让外星人准确理解我们的身高了。因此，这个数字14表示人类的身高是波长12.6厘米的14倍，也就是176.4厘米，这是人类的平均身高。在红色小人的右边也是一个很大很大的数字，那个数字是4,292,853,750，是1974年的全球人口数量。

第六部分：太阳系

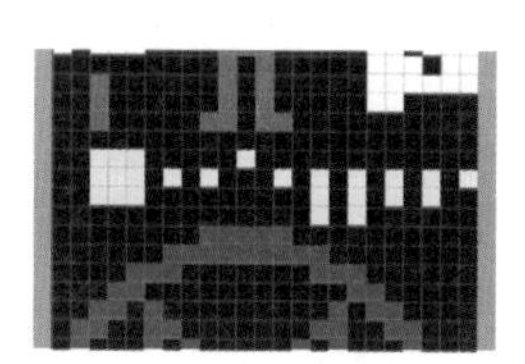

这部分代表我们生活在一个有9颗行星的恒星系中，最左边的是太阳，后面依次代表从水星到冥王星的九大行星，其中第三颗行星抬高了一格，一看就比较特殊，那表示我们人类就生活在第三颗行星（地球）上。

第七部分：阿雷西博

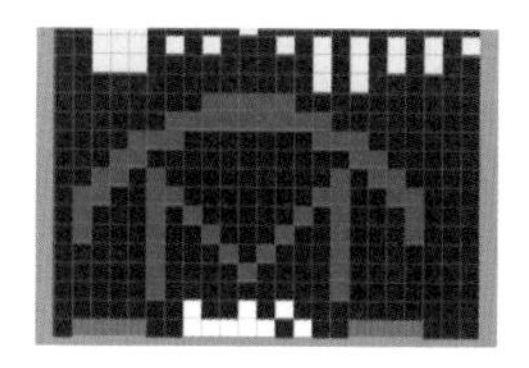

这部分就是射电望远镜阿雷西博的简笔画外形。当然，外星人不会知道我们给它取名叫阿雷西博，我们只是告诉外星人我们使用什么样的设备发送了上面那些信息。下面的部分就如同表示人的身高一样标出了阿雷西博的口径，这个数字是2430，表示阿雷西博的口径是波长的2430倍，也就是306.18米。

以上就是阿雷西博信息的全部内容，想想人类能在毫无线索的情况下破译几千年前的古文字和符号，我们坚信，作为一个能懂得电磁波的文明，要破译这个信息并不是太难的事情。

整个阿雷西博信息是一个逻辑非常严密的表达体系，用到的全是宇宙中普适的规律，我希望各位读者能再完整地看一遍这幅图：

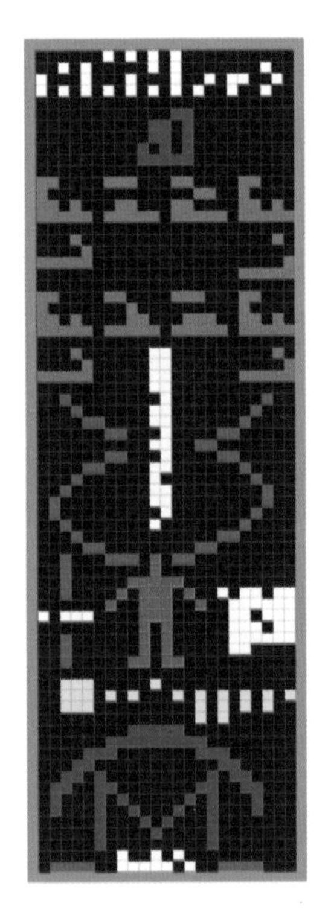

图 阿雷西博信息

首先是最基本的数字概念，有了数字我们就能表达宇宙中的元素，有了元素我们就能表达由元素构成的分子，有了分子就能表达生命，有了生命就能表达人类，有了人类就能表达我们生存的星球。最下面是一台射电望远镜，我们就是用它把以上信息向宇宙中的文明传递。这是一组多么简洁和优美的信息啊！

阿雷西博信息发送后，人类在1999年、2001年和2003年还有三次大规模的METI行动，这三次行动分别叫作“宇宙呼唤1（Cosmic Call 1）”（俄罗斯）、“青少年信息（Teen Age Message）”（俄罗斯）、“宇宙呼唤2（Cosmic Call 2）”（美国、俄罗斯、加拿大联合发起）。这三次发射的目标与地球的距离都要近得多，分布在32光年和69光年之内的一些最有可能存在外星人的恒星系。最先抵达目标的信息是“宇宙呼唤2”中一个发往仙后座Hip 4872恒星的信息，抵达时间是2036年4月。如果那个恒星系真的有文明存在，那个文明到达了能接收电磁波信号的程度，那么最快在2068年我们就能收到回复。笔者掐指一算，还有希望活到那天（90岁），为了迎接那天的到来，笔者一定要努力活下去。

十八 旅行者号的礼物

到了1977年，人类给外星人送礼物的行为达到了高潮。这一年，美国先后发射了旅行者2号和1号两个姊妹探测器。这两个探测器上都携带了来自人类的珍贵礼物——地球名片。相比上次先驱者号的礼物，这次可是大大的升级了。上次只是萨根和德雷克两个人的"民间"行为，这次就不一样了，NASA和美国政府精心策划了这次礼物。礼物的载体是一张镀金的铜质磁盘，长得跟唱片一模一样，大小也差不多，还有一根用钻石制成的唱针，以方便外星人了解怎么读取唱片内容，理论上这张唱片和唱针能保存10亿年。

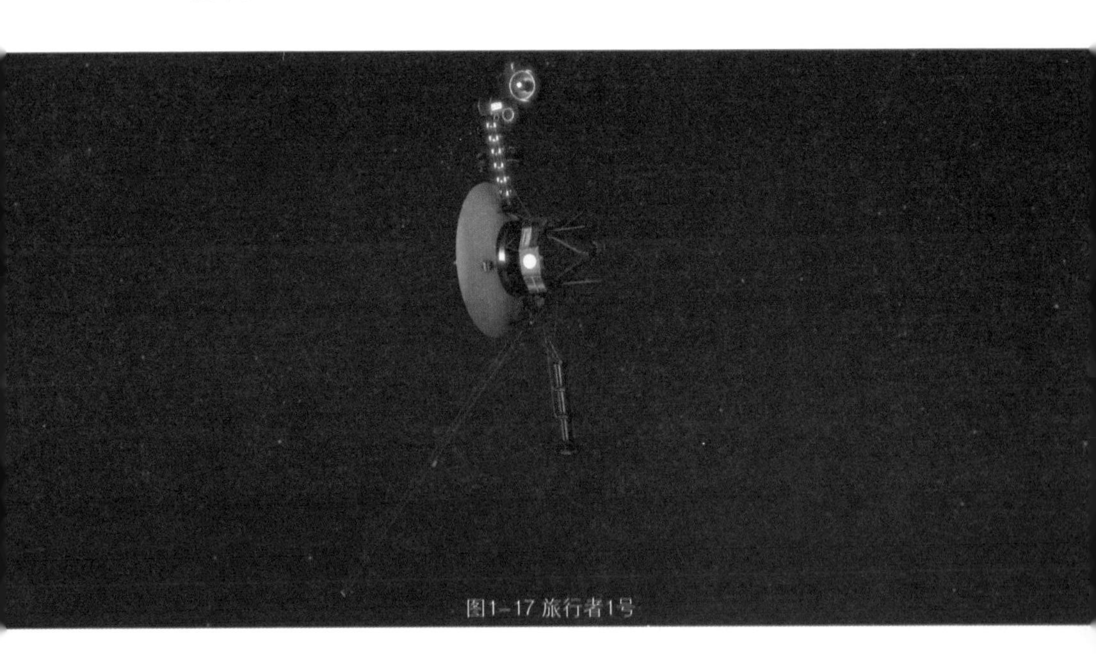

图1-17 旅行者1号

图1–18 旅行者金唱片正面

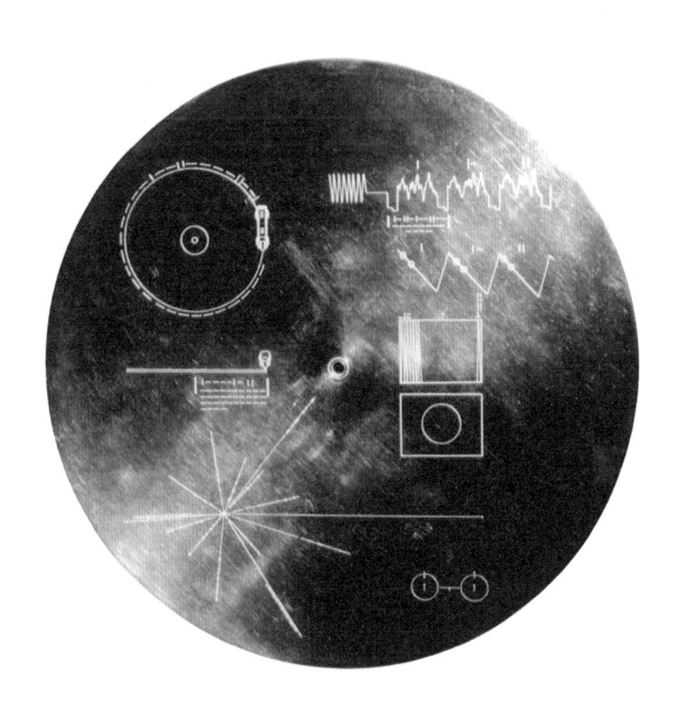

图1–19 旅行者号金唱片背面
（上面的图形主要是教外星人读取信息的方法）

在这张史上最牛的唱片中包含了以下内容：

首先是时任联合国秘书长库尔特·瓦尔德海姆的问候，内容是："这是一份来自一个遥远的小小世界的礼物。上面记载着我们的声音，我们的科学，我们的影像，我们的音乐，我们的思想和感情。我们正努力生活过我们的时代，进入你们的时代。"

然后是包括美国总统卡特的声音在内的55种人类语言的问候语音，其中有4种是中国的方言：普通话、粤语、上海话、闽南语。估计在美国人看来，几种中国方言的差别就跟英语和德语的差别一样大，这倒不奇怪，其实很多北方人第一次听到上海话的时候都认为是日语。

普通话的问候语是："各位都好吧？我们都很想念你们，有空请到这儿来玩。"

粤语的问候语是："各位好吗？祝各位平安、健康、快乐。"

上海话的问候语是："祝你们大家好。"

闽南语的问候语是："太空朋友，你们好！你们吃饱了吗？有空来我们这里玩玩哦。"

接下去是一个90分钟的声乐集锦，包括地球自然界的各种声音以及27首世界名曲，其中有中国京剧和古曲《高山流水》，日本的尺八曲，还有莫扎特、贝多芬、巴赫等人的作品。

最后是115幅图片。这些图片包罗万象，有太阳系各大行星的图片，写满数学公式的纸，各个民族的日常生活，地球上的自然风光，各种动物，人类生殖过程的详细图解，等等。可以说每张都是精心挑选的有代表性的图片。给大家看一张跟中国有关的。

但是在这些图像中，美国人回避了表现核爆、战争、贫穷、疾病等自曝家丑的照片。看来中国的古训"家丑不可外扬"放到整个人类物种中也是适用的，在面对外星人的时候，人类还是希望能够保住颜面的。

旅行者1号和2号到今天还在为人类工作着，时不时还有讯息传回来。它们目前都已经飞出了太阳系八大行星的范围，在太阳系的边缘跋涉。但虽说已经到了太阳系的边缘，其实距离真正飞出太阳系至少还要几万年的时间。

2010年4月22日，NASA的深空天线在旅行者1号的约定频率收到一组奇怪的信号，后来证实这组信号确实是旅行者1号发射的，电波在太空中传播了整整13个小时才到达地球。这组发自旅行者1号的信号非常奇怪，就像一串“乱码”，包括当初设计旅行者1号信号系统的科学家在内，NASA的专家们居然没有一个人能搞明白这些信号的含义。这个消息不胫而走，一时间引起了公众的极大兴趣。德国一个著名的UFO专家豪斯多夫站出来大胆断言，说他知道旅行者1号发生了什么事情，它已经被外星人劫持了。豪斯多夫在媒体上发表文章说：“看起来飞船被劫持了，程序被重新编写，因此我们无法破译。”豪斯多夫不愧是UFO“砖”家，这次不失时机的大胆推测为他引来了极高的知名度，全世界的UFO爱好者议论纷纷，很多媒体也一起跟着凑热闹，以讹传讹，仿佛外星人存在的证据已经被NASA找到了似的。其实，NASA没有对豪斯多夫的看法做出回应，而大多数科学家及工程师的看法是：飞船上的存储系统可能出了些小故障。

图1-20 金唱盘中的图片

如果外星人真的劫持了旅行者1号，又决定发送信息到地球来的话，对于一个能够在太阳系内劫持人类探测器的文明来说，想要发送一条能让地球人明白的信息实在太容易了。很简单，外星人只要利用旅行者1号发回一串表示质数的脉冲信号回来，人类就立即明白怎么回事了。只要建立起了双向沟通，对于两个智慧文明来说，哪怕仅仅用数字，就能沟通很多很多事情了，比如发一个3.1415……就可以代表一个圆了，数学是宇宙通行的语言。

十九 是福还是祸

SETI计划和METI计划（包括给外星人送礼物，这也是一种METI行为）构成了人类试图与外星文明接触的主流方式。整个20世纪70年代是人类航空航天、探索宇宙事业的高潮，同时也是人类对宇宙和外星文明思考的高潮。在第一次METI行动之后，有一些科学家突然站出来强烈反对METI行动，反对的声音越来越大，越来越多的知名科学家加入到反对者的阵营中。很快，在METI的支持者和反对者之间开展了激烈的全球大辩论，战况异常火爆，交战双方纷纷著书立说。这场辩论逐渐从纯学术性的讨论发展成为事关人类文明生死的大思考，从科学的领域向文学、政治、哲学、宗教等领域扩散。

下面是一场我虚构的电视辩论赛，但涉及的人物和观点都是真实的，从中我们可以看到，科学家们是如何思考人类文明与外星文明之间的关系的。

正方观点：人类应当主动呼叫外星文明。

正方一辩：法兰克·德雷克（Frank Drake）

正方二辩：卡尔·萨根（Carl Sagan）

正方三辩：亚历山大·萨特塞夫（Alexander L. Zaitsev）

反方观点：人类不应当主动呼叫外星文明。

反方一辩：马汀·赖尔（Martin Ryle）

反方二辩：大卫·布林（David Brin）

反方三辩：法兰克·迪普勒（Frank Tipler）

主持人：汪诘

（主持人）汪诘：欢迎来到地球。（笑声）人类在宇宙中是孤独的吗？银河系中的几千亿颗星辰让我们有理由相信，我们并不是这个茫茫宇宙中的唯一智慧文明。我们已经具备了朝银河系中任意一个恒星系发电报的能力，但是，收到电报的外星人到底是电影《外星人》中那个纯真、善良的E.T.呢，还是刘慈欣笔下的三体文明呢？我不知道。人类到底应不应当主动呼叫外星文明？这显然是个问题。现在，我们将进入观点陈述环节，首先请出正方一辩，法兰克·德雷克先生，他是全世界最知名的天文学家之一，正是他写出了人尽皆知的德雷克公式，也是他创立了人类首个SETI计划，由他主导设计的阿雷西博信息更是让人拍案叫绝。让我们以热烈的掌声欢迎德雷克先生陈述他的观点。（掌声）

（正方）德雷克：谢谢主持人。各位观众，大家晚上好。从前，有一个孩子生活在一间封闭的大房子里面，他从小就没有见过窗户。在他还很小的时候，他觉得这间房间很大、很温暖，到处都有绿色的植物、丰富的食物和水源，他觉得生活在这间房子里是多么幸福和满足。孩子慢慢长大了，活动能力越来越强。有一天，他发现房间的墙壁上有一条缝隙，他小心翼翼地沿着缝隙慢慢摸索，终于发现了窗子的秘密。当他第一次推开窗子看到外面的世界的时候，他被眼前的世界所震惊了，那是他从未想象到的宽广和巨大。他好奇地在房子的四壁开始了探索。很快，他又找到了一扇门。当他推开那扇大门时，外面世界吹来的凉风拂起了他的衣袖，四周无比空旷，他大喊了一声："还有人在吗？"声音消失在无尽的虚空中，连一丝回音也没有，他禁不住双手合抱起来，一阵强烈的孤独感袭上了心头。他沉默了良久，抬起头，极目远望。终于，他发现在很远很远的地方，似乎有无数的灯火闪烁，一直延伸到无限远。他突然意识到，原来自己并不孤独，他的同伴们一定在远方等待着他的呼唤。他意识到自己已经长大了，他需要融入一个大家庭，他需要开拓一个崭新的视野，他需要勇敢地面对未知。他的神情变得越来越

坚毅，终于，他鼓足勇气，对着远方用力喊出了对这个世界的第一声问候：“你们好，我来了！”谢谢大家！（长久的掌声）

（主持人）汪诘：谢谢德雷克先生。这个孩子叫人类，这间房子叫地球。我从小到大最怕的就是孤独，我感觉自己已经被正方打动了，战胜孤独只能靠勇气和行动。正方已经打出了一记漂亮的感情牌，反方该如何应对呢？下面让我请出反方一辩，马汀·赖尔先生，1974年诺贝尔物理学奖得主，双天线射电干涉仪的发明者，他开创了射电天文学的新纪元。有请！

（反方）赖尔：谢谢汪诘，大家晚上好。对方一辩确实让我们看到了一个刚刚开窍的有为青年的形象，遗憾的是，我只想评价五个字：很傻，很天真。（笑声）当人类自以为勇敢地向外面的世界喊出“我来了”的时候，却没有想到在暗处有一个外星人对另一个说：“看吧，我说的没错吧，让你耐心点，这不，包子就自己送上来了！”（大笑）我想严肃地告诉大家，在宇宙中可能充满不怀好意、饥肠辘辘的外星生物。我们不妨想想地球上的生物，是不是绝大多数的生物都有与生俱来的攻击性？这是必然的，因为一个物种要延续，就必须找到自己食物链的下端，说得简单点，每个生物都在用一生去争夺能量。有句话叫“人为财死，鸟为食亡”。优胜劣汰是这个宇宙永恒不变的法则。我们坚信，在我们的银河系中，有数不清的智慧文明存在，会有比我们落后的，但更多的是文明程度远远超过人类的外星人。想想我们人类文明自身的历史吧，当先进的欧洲人遇到落后的印第安人，当一夜暴富的美国人踏上非洲大陆，大家想想发生了什么？印第安人几乎被屠杀殆尽，而非洲人变成了黑奴。各位，当比我们先进得多的外星文明遇见地球文明，你觉得我们会重蹈谁的覆辙呢？对方辩友可能会认为外星人会用他们更发达的大脑来替我们打工，这不是很傻很天真又是什么？（笑声）难道就为了满足少数人的好奇心和偏执，我们就要和你们一起承担沦为奴隶的风险？呼叫外星人的行为就是一场拿全人类命运做赌注的冒险，为了我亲爱的家人，我必须站出来抵制这种不负责任的冒险行动。请大家用掌声支持我，捍卫我们的文明。（长时间热烈掌声）

（主持人）汪诘：赖尔先生让我的背脊全是凉意。（笑声）看来，宇宙很危险，还是老老实实在家待着，别大喊大叫为妙啊。但显然，我们的正方二辩不同意赖尔先生的观点，此人拥有天文学家、科普作家、科幻作家等多个头衔，他就是大名鼎鼎的卡尔·萨根先生。在座的各位观众都看过萨根先生主持的电视纪录片《宇宙》吧？他同时也是美国行星研究协会的创始人和会长，有着超高的人气和广泛的影响力。掌声有请！（全场掌声雷动）

（正方）萨根：尊敬的主持人，对方辩友，各位观众，很荣幸有机会在此发言。对方一辩前面说，我们就像是包子，而外星人则是凶猛的恐龙。对这一点我实在不能苟同。人类之所以能称为智慧文明，就是因为我们脱离了动物界的食物链。越是强大的文明越是懂得保护弱小，尊重生命，文明史之所以叫作文明史，那是因为我们始终比昨天更加文明，而不是越来越想吃包子！（笑声）

千百年来，有多少先贤站在星空下，发出这样的疑问：我们从哪里来，要去往何处？这是人类的终极问题，要寻找答案，人类必须把目光投向宇宙，我相信，答案不在地球上，而在宇宙深处。这个宇宙如此浩瀚，肯定不仅仅只有人类，否则也太浪费空间了吧。（这句话是卡尔·萨根的畅销小说《接触》中的名句。）那么我们可以想见，整个宇宙其实是一个更大的社会，一个文明必须渡过最初的生存考验，还要发展出足够的技术文明，才能融入这个社会。现在我们才刚刚具备向这个宇宙大社会发出微弱呼声的能力，难道要把人类几千年的努力都扼杀在摇篮中吗？

对方辩友如此害怕与外星人接触，究其本质原因，不过是我们文明在落后状态的一种反映。我们自己曾经在历史上蹂躏过比自己弱小的文明，我们良心的不安，表现为惧怕先进的外星文明。我们念念不忘哥伦布和阿拉瓦克人，科尔特斯和阿兹特克人，这些令人伤感的往事使得我们对未来忧心忡忡。但我敢断言，当某一天星际舰队出现在地球上空时，我们人类将会由此受益。

想想我们人类现在面临的众多难题，人口危机、战争危机、环境危机、能源危机，等等，坐在家中，关起门来就能解决这些问题了吗？或许我们现在面临的这些危机是所有宇宙社会中最为初级的问题，比我们先进得多的文明早有良方。现实的危机是人类实实在在已经面临的危险，而对方辩友宣称的那些危险仅仅是一种毫无根据的猜测，我们难道要让这些猜测去阻止人类寻求终极解决方案的探索吗？我们的地球，甚至我们的太阳系，在银河系中也不过如沙漠中的一粒细沙。把自己封闭起来，做一只鸵鸟，不去争取了解外面的世界，一睹超级文明的风采，难道是更加明智的做法吗？黑夜给了我黑色的眼睛，我却用它来寻找光明！谢谢大家！（长时间掌声）

（主持人）汪诘：谢谢萨根先生。萨根先生的立意相当之高。听完先生的高论，我深刻感到与其这样固守在地球上被各种危机折磨死，倒不如索性豁出去，冒一点遇到异形的风险，去宇宙中寻求终极解决方案。但我知道，另一位雨果奖得主，著名的科幻作家、物理学家、NASA顾问，反方二辩大卫·布林先生不会同意这个观点，让我们来听听布林先生的高见吧。（热烈的掌声）

（反方）布林：尊敬的女士们先生们，大家晚上好。刚才对方二辩说人类已经面临的危险是实实在在的，而宇宙中的危险却是猜测，这一点没有错。但是我想提醒大家的是，无论是人口问题还是环境问题，这些都是我们人类自己搞出来的，作为理性的人类，自己搞出来的问题至少在理论上是有可能被自己解决的。然而，来自宇宙中的危险是人类完全未知的，怀着恶意的外星人可能比我们的科技水平高出几个等级，像这样的危险很可能是人类完全无法阻挡的，他们要消灭我们很可能比我们要踩死一只蚂蚁还容易。确实，我承认这是我们的猜测，但当我们面临一个理论上有可能化解的已知风险和一个理论上无解的致命危险时，我们该选择哪一个呢？更重要的是，对方辩友说外星文明可能为我们开出化解人类危机的良方，这不也是一个猜测吗？（掌声）

为什么对方辩友只愿意相信自己的善意猜测，而对我方的恶意猜测置之不理呢？我想告诉大家，我方的猜测并不是毫无根据的。正方一辩德雷克先生开创的SETI计划自实施以来到现在已经整整50年了，我们仍然一无所获，整个宇宙文明似乎处在一种“大沉默”的状态，这是不合常理的。如果宇宙中的智慧文明无处不在的话，星空中应该充满外星文明的电波才对。或许，所有的智慧文明都采取了这样一种沉默状态，是由于某种人类尚不知晓的危险。如果这些聪明无比的外星文明都无一例外地选择了沉默，那么我们是否也应该以他们为榜样，观望一下，至少在没有找到外星人的踪迹之前，不要主动发出自杀性的呼喊。善意的猜测哪怕对了99次也只是让我们获得99次的收益，但是如果恶意的猜测不幸猜中一次的话，我们可能就再也没有机会猜第101次了。谢谢大家。（长时间的热烈掌声）

（主持人）汪诘：谢谢布林先生。说老实话，我此刻的心情无比纠结，不知道各位观众是否和我一样纠结。每当听完正方发言，我就对宇宙充满了期待和憧憬，而听完反方发言，我又似乎被浇了一盆冷水，一下子就清醒了。可谓宇宙有风险，入市须谨慎啊（笑声）。

下面的自由辩论环节将有更为激烈的交锋，正反双方各有一名重量级的人物加入。正方三辩亚历山大·萨特塞夫先生是俄罗斯国宝级的射电天文学家，著名的“宇宙呼唤”和“青少年信息”项目的领导者，曾经赢得苏联和俄罗斯的最高科学荣誉奖章。反方三辩法兰克·迪普勒先生是美国重量级的天文学家，物理学家，欧米茄点理论（Omega Point）的发明者。现在就让我们进入精彩紧张的自由辩论环节。首先由反方发言，然后必须交替发言。

（反方三辩）迪普勒：请问对方辩友，你们认为宇宙中的文明是善意的多还是恶意的多？

（正方一辩）德雷克：那你觉得这世界上是好人多还是坏人多？这还用问吗？当然是善意的多。

（反方三辩）迪普勒：也就是说你们承认恶意文明是存在的，是不是这样？请正面回答。（掌声）

（正方二辩）萨根：我不清楚对方对恶意的定义是什么，但脾气坏一点的人就一定会去杀人吗？请问，人类把自己的眼睛蒙上，嘴巴封住，耳朵塞住，这样就不会有危险了吗？

（反方一辩）赖尔：所谓恶意，就是会首先攻击对方，哪怕只有万分之一的恶意文明存在，对地球的威胁就是100%。因为根据墨菲定律，如果事情有变坏的可能，不管这种可能性多小，它总会发生。（掌声）

（正方二辩）萨根：请对方不要回避问题，再问一次，蒙上眼睛上街就没有危险了吗？

（反方一辩）赖尔：这个比喻不恰当，正确的比喻是，一只鸡突然学会了说话，千万不要四处喊叫："我真的很好吃！"（笑声，掌声）

（正方一辩）德雷克：对方始终在回避我方的问题，我方想告诉大家：鸵鸟把头埋在沙堆里假装看不见危险，只会死得更快。

（反方二辩）布林：我们认为当危险来了，鸵鸟应该把自己全部埋在沙子里，千万不可露出屁股。（笑声）现在恰恰是对方辩友认为人类不但不要埋起来，还要大声喊叫。你们有没有想过为什么宇宙处于大沉默状态？

（正方一辩）德雷克：原因或许很多，比如我们的精度不够，频率不对，等等。正是因为大沉默，我们才要勇敢地喊出第一声啊。（掌声）

（反方二辩）布林：你们知道第22条军规吗？如果别人都在做同一件事情，而我在做另一件事情，那我就成了白痴。（笑声）

（正方三辩）萨特塞夫：如果事情果真如此，SETI岂不应该是Search for Extra-Terrestrial Idiots（搜索地外白痴）的缩写了吗？（大笑，掌声）我们50年的SETI行为在你们眼里到底意义何在？

（反方三辩）迪普勒：我想强调，我方反对的是METI行为，对SETI并不反对。我想请问，你们认为人类到底能从METI行动中获得什么好处？

（正方三辩）萨特塞夫：问得好！我们能从更先进的文明那里学到知识和文明，人类在宇宙中还是个小学生，我们必须承认自己的渺小，我们必须找到老师。我倒是很想问问你们到底在怕什么呢？

（反方三辩）迪普勒：在我看来，你们已经远离了科学精神，简直是一种宗教般的崇拜和信仰，没有理由、没有条件、没有证据地相信外星人就一定像拯救众生的神一般伟大。我只想问一个问题：证据在哪里？

（正方一辩）德雷克：我们基于的是正常的逻辑推理和对文明的理解，我还是想请问你们到底怕的是什么？你们的证据又在哪里呢？

（反方三辩）迪普勒：我们害怕的是我们未知的东西，正因为既找不到好的证据，也找不到坏的证据，那么最明智的做法难道不是“宁可信其有，不可信其无”吗？

（正方一辩）德雷克：可惜啊！可惜。

（反方二辩）布林：可惜什么？

（正方二辩）萨根：遗憾啊！遗憾。（笑声）

（反方二辩）布林：遗憾什么？

（正方二辩）萨根：遗憾的是自从人类发明电报、广播、雷达、电视以来，来自地球的电磁波信号早就在宇宙中弥散开来了。或许用不了几十年，就有一群外星人能收到我们今天晚上这场电视辩论赛了。对方辩友在害怕的那些东西其实早已经发生了，你们不觉得今天收手已经晚了吗？

（反方三辩）迪普勒：哪怕是军用卫星所产生的电磁波，相对于宇宙这个尺度来说，能量都非常弱，恐怕还没离开太阳系就早已衰减成为星际噪声了。这与METI计划实施的大功率定向发射完全不同。

（正方三辩）萨特塞夫：请不要把我们人类的技术水平套在外星人身上，总会有比地球文明发达得多的第Ⅲ类外星文明能检测得到的。如果这个宇宙真像对方辩友宣称的那样充满了黑暗与恶意，那么我们就应该果断停止一切产生电磁波的行为，包括今天这场电视辩论赛。对方辩友同意吗？（掌声）

（反方二辩）布林：百分之百的安全是不存在的，我方也不主张人类因为惧怕外星文明而停止正常的通讯。我们想强调的是METI行为将这种潜在的危险系数放大了几万甚至几亿倍，所以必须停止。

（正方一辩）德雷克：按照对方辩友的逻辑，反正伸头也是一刀，缩头也是一刀，只是时间早晚的问题。（大笑）既然如此，我们还在这里讨论什么呢，不如出家当和尚算了。（笑声）

（反方三辩）迪普勒：非也非也！对方辩友逻辑完全混乱了。有些危险确实是无法避免的，近的有小行星撞地球，超行星爆炸，远的有太阳的氦闪，甚至太阳的熄灭。但是人类了解这些危险远比假装不知道要好上千万倍，正因为我们清楚地知道我们面对的挑战和危险，人类才能积极地寻找对

策，为文明的延续，为生存而尽自己的一切力量。我存在，我思考，我努力，所以我自豪！（掌声）

（主持人）汪诘：对不起，反方时间到。

（正方一辩）德雷克：人类文明自诞生以来，我们曾经面对过多少未知的恐惧？

（正方二辩）萨根：我们惧怕过打雷，惧怕过天狗吃月亮、吃太阳，我们惧怕过扫帚星，我们曾经有过数不清的未知恐惧。

（正方三辩）萨特塞夫：我们是如何战胜这些恐惧的？

（正方一辩）德雷克：靠的是理性和勇气！

（正方二辩）萨根：靠的是代代传承的文明和爱。

（正方一、二、三辩）齐声：外星同胞们，我们来了！谢谢大家！（热烈长久的掌声）

（主持人）汪诘：这真是一场势均力敌的自由辩论，我都紧张得喘不过气了。不知道坐在下面混在人类中间的外星人怎么认为？（笑声）给外星人的电波，到底是发还是不发呢？这是个值得考虑的问题。最后一点时间，我们留给辩论双方做总结陈词。这次先请反方三辩迪普勒先生总结。（掌声）

（反方三辩）迪普勒：尊敬的主持人，各位观众，还有混在下面的外星朋友们，大家辛苦了！（笑声，掌声）我们听到对方辩友在最后激情澎湃，迫不及待要投入外星人的怀抱，比见到了失散多年的亲爹还要激动。（笑声）然而，激情无法取代理性的思考，更何况，冲动是魔鬼。在我看来，对方辩友眼中的外星同胞很可能是张着血盆大口的巨兽，正耐心地等待人类自投罗网。我们不否认在宇宙这片森林中有善意的文明，但请大家千万不要忘记，在一百杯美酒中哪怕只有一杯是毒酒，也足以置人于死地。我们确实没有证据证明危险来自何方，也无法拿出一个例子来证明恶意文明的存在，因为到目前为止确实没有发现任何一个外星文明的存在，在这一点上我们与对方辩友立论的困境是相同的。但是，至少有一点我们可以肯定，那就是，我们人类没有做好准备。相对于这个茫茫太空，我们的文明还非常弱小。我们的宇宙飞船才刚刚把人送上月球，那些在星球大战电影中司空见惯的超级武器，我们其实一样都没有，我们甚至都不知道该如何在理论上实现这些超级武器。假设有一个外星文明能够来到地球，他们的文明程度将会是我们的多少倍。与这些掌握了远距离星际航行技术的外星人相比，我们就像划着独木舟的原始人看到了现代的航空母舰，这种技术上的差距是无法用任何勇气弥补的。在人类没有做好准备之前，在我们自己没能发展出远距离星际航行的技术之前，我们应该老老实实地待在地球家园上仔细聆听来自宇宙的电波，这就足够了。让我们先找到并了解了外星文明之后再做决定，不是更明智的选择吗？一念之差就有可能导致灭顶之灾。我在此要向全世界郑重呼吁：尽快建立国际法，禁止愚蠢的METI行为，这种逞个人之快而置整个人类于危险境地的行径必须被严厉禁止！请评审团冷静理智地裁决。谢谢各位观众。（热烈的掌声）

（主持人）汪诘：谢谢迪普勒先生。此时，我真为正方捏一把汗，反方已经把整个人类的安危摆到了赌桌上，这场辩论的胜负似乎决定我们每个人的生死。请正方三辩萨特塞夫先生为我们做总结陈词。（掌声）

（正方三辩）萨特塞夫：谢谢主持人。（整理了一下领带，捋了捋头发，轻轻一甩头，朝摄像机镜头微笑了一下）尊敬的各位电视机前的观众，你们看我的样子像是一个拿着人类命运做赌注的疯子吗？（笑声）我们跟对方辩友一样，同样关心人类的命运，心中也同样充满了责任感和使命感，我们不是赌徒更不是刽子手。对方三辩说的没错，激情替代不了理性，我们需要的是严谨的逻辑和推理。我想请教对方辩友，你们口口声声说你们只需要SETI，不需要METI，你们理直气壮地宣称人类应该在宇宙丛林中保持沉默，你们不觉得这简直是一个荒谬的悖论吗？如果连我们自己都没有勇气发出声响，又怎么能问心无愧地指望丛林中的外星同伴们做出反应呢？既然发出声音的都是白痴，又何谈向这些白痴学习先进的知识呢？对方辩友一边斥责所有在宇宙中发出声音的文明都是疯狂的自杀者，一边又期望SETI行动有所收获，这有逻辑可言吗？如果宇宙真的像对方辩友宣称的那样，没有一个文明认为有必要向其他文明发出信号，那么实施单向搜索的SETI行为就注定一无所获，毫无意义。我方承认宇宙中或许确实存在恶意的文明，但是，坐以待毙就是最好的选择吗？假装不知道就可以安全了吗？在这些高度发达的恶意文明面前，我们不论是否实施了METI行动，面临的风险系数都是一样的。而恰恰是因为认识到宇宙丛林中有猛兽，我们才应该积极主动地寻求与邻近文明取得联系，互通有无，共同对抗强大的恶意文明。我们坚信大多数文明应该是善良而充满爱意的，弱小的文明想要生存，唯一的出路就是联合起来，守望相助。在这个广袤的宇宙中，人类文明是渺小的，但我们又是如此独特。从第一个单细胞生物的出现至今，经过三十几亿年的演化才诞生了今天的人类。从第一只古猿直立身体仰望星空到今天哈勃太空望远镜对宇宙深处的凝视，我们就像第一次来到海边的远古人类，虽然大海让我们产生未知的恐惧，但阻止不了人类勇敢地扬帆远航，发现新大陆！谢谢大家！（热烈的掌声）

（主持人）汪诘：谢谢萨特塞夫先生。双方的发言都结束了，我却比这场比赛刚开始的时候更加纠结了。（笑声）人世间的痛苦莫过于此。（笑声）在听了双方各自的观点后，作为人类的一员，电视机前的您又会支持哪方的观点呢？请拿起手机，发送短信“1”支持正方，发送短信“0”支持反方。人类的命运何去何从，将由我们每个地球人自己做出选择。

二十 射电望远镜的新纪元

人类历史终于跨入了20世纪80年代，对于那些奋战在寻找外星人第一线的科学家们来说，真的是一个好时代来临了。

人类目前寻找外星人的最佳武器是射电望远镜，而兵器谱排名第一的就是中国的FAST射电望远镜。可是这种超大型的射电望远镜有两个缺点：第一，它不能转动朝向，这样就局限了它在天空中的搜寻范围；第二，限于建造地点和施工难度，哪怕有足够的钱，也很难建更大的望远镜。

人类经过20年的筹划、设计、攻关、建设，终于在1980年攻克了这两个难题。在美国新墨西哥州的荒原上，27座巨大的射电天文望远镜排列成一个Y字形阵列，这个Y字的每一划都有20,000米长，各有9座射电望远镜平均分布在每一划上，如果你步行去数的话，需要走一上午才能数完其中一划。这个阵列的规模相当于一个可以容纳几十万人口的中等城市，蔚为壮观。这就是世界上著名的美国“甚大望远镜阵列（VLA）”。

本书开头提到的那部科幻电影《超时空接触》中的女主角就是在这个地方接收到了来自织女星系的外星人电波。

不过，说起“甚大望远镜阵列”这个名称，我就想笑。“VLA”就是“Very Large Array（好大的一堆）”的简写。不知道为什么，天文学家们给射电望远镜取名字特别不动脑子，类似的还有“VLT（Very Large Telescope）”，“E-ELT”，即“European Extremely Large Telescope（欧洲特别特别大的望远镜）”，等等。

图1-21 位于美国新墨西哥州荒原上的甚大望远镜阵列

射电望远镜阵列的总接收面积越大，则灵敏度也就越高，理论上，阵列的规模几乎可以无限制增加。虽然单口径的一些优势是阵列无法取代的，但不管怎么说，阵列的规模当然是越大越好。

幸运的是，我们这个地球上最富有的几个人中，有一个是个天文迷。他就是和比尔盖茨一起创立了微软公司的保罗·艾伦，这个星球上最有钱的十个人之一。艾伦一掷千金，捐了几千万美元，决定在加州的克拉克高原上建一个超大型的射电望远镜阵列，这就是以保罗·艾伦的名字命名的“艾伦望远镜阵列（Allen Telescope Array，缩写为ATA）”。尽管到今天还未全部建

图1-22 艾伦射电望远镜阵列

图1-23 平方千米阵列概念图

成，但它已经是全世界最大的射电望远镜阵列，完工后将会有足足350口大锅，密密麻麻地分布在天空下，蔚为壮观。它可以扫描银河系中的10亿颗恒星，大大提高了发现外星文明信号的可能性。

美国于2007年底正式启用了艾伦望远镜阵列，它最重要的任务就是全天候监听地外文明无线电信号。但即便是艾伦望远镜阵列这样的规模，在天文学家眼里还是太小太小，而且艾伦的个人资金是有限的，真正要建设足够大的射电望远镜阵列还得是国家行为才行。注意，中国要再次露脸了：由中国、澳大利亚、法国、德国、意大利等20多个国家共同投资筹划建造的、全世界最大的射电望远镜阵列——“平方千米阵列（The Square Kilometre Array，缩写为SKA）”项目已经正式启动。这次全球的科学家们野心勃勃，他们计划建造3000台射电望远镜，把它们串起来的光缆可以绕地球两圈。平方千米阵列在南非和澳大利亚各有一部分，预计在2030年可以投入使用，我们应该还能等得到。

这个阵列一旦建成，它的接收面积可以达到1平方千米，可以在里面建设30个鸟巢体育场。有了这个庞大的家伙，我们应该能听到来自宇宙最深处的呼唤。

二十一 搜寻戴森球

射电望远镜阵列是20世纪80年代给外星人搜寻者们的第一个礼物，它大大增强了人们接收外星文明电波的信心。很快，这个好时代又带给了科学家们第二个礼物，外星人搜寻者们都乐开了花，尤其是那位叫作弗里曼·戴森的科学家。

还记得我们在第八节讲的那个戴森球吗？通过观察某颗恒星的红外辐射的变化情况，就能找到外星人存在的证据。但是在20年前，地面上的望远镜分辨率实在太低，戴森等人始终感到心有余而力不足。

第二个礼物的出现解决了这一问题，它叫作“红外天文卫星”（Infra-red Astronomical Satellite，缩写为IRAS）。它是由美国、荷兰、英国三家的航天部门联合耗巨资打造的第一颗专门用于扫描宇宙中的红外辐射源的卫星，相当于一个太空中的天文台，可以24小时不间断扫描整个天空，堪称天文学家的一件划时代的利器。IRAS于1983年1月25日成功发射升空，并于11月21日达到使用寿命，总共执行了10个月之久的太空任务。IRAS向地球发回了海量数据，它在宇宙中一共找到了50多万个红外射线源，当然，其中绝大多数都很容易排除掉。这些数据直到今天还在做进一步分析，这里面到底能不能发现具有戴森球特征的数据，目前尚不能下确切结论。

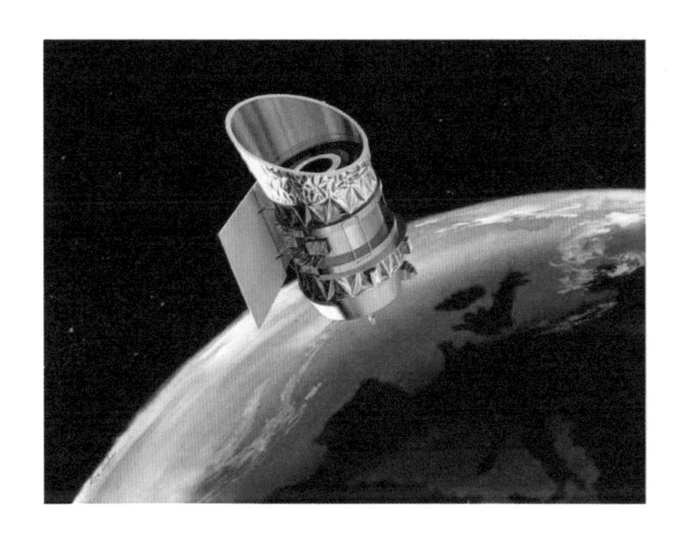

图1-24 红外天文卫星效果图

人类寻找戴森球的努力并没有止于IRAS。2003年8月25日，在IRAS升空20年后，美国航空航天局发射了“斯皮策空间望远镜”（又名“空间红外望远镜设备组”）。这架耗资8亿美元的超级太空望远镜是IRAS的超强升级版，它的精度更高，工作寿命也要长得多，至今仍然在太空工作。

图1-25 斯皮策空间望远镜效果图

人类期待着斯皮策望远镜能够带来惊喜，但宇宙实在太大了。即便在银河系中真有数百颗“戴森球”，与如此广袤的星际空间相比，它们就像均匀分布在撒哈拉沙漠中的一粒粒泛着微弱红光的沙子，要在飞过沙漠上空的飞机上拿着望远镜找到这些沙粒，其难度可想而知。要找到它们，除了执着和努力，我们还需要一点点的好运气。

2015年，一位业余天文爱好者在开普勒太空望远镜拍摄的照片中发现，一颗恒星似乎在持续变暗，这颗恒星的编号是KIC 8462852。这引起了以耶鲁大学塔贝萨·博亚基安（Tabetha S. Boyajian，1980年~ ）为首的几位天文学家的兴趣，他们仔细分析了开普勒天文望远镜的照片后，在2015年9月发表了一篇论文，指出这颗恒星存在着亮度的异常起伏。随后又有天文学家指出，这颗恒星的亮度变化和许多小型物体以“密集队形”绕恒星转动的结果一致。

这些发现迅速在公众中传播开来，引发了天文圈的强烈关注。美国天文学家杰森·莱特（Jason Wright）提出这很有可能就是戴森球效应造成的，此话一出，公众的热情瞬间被点燃。这颗恒星也以发现者的名字命名为泰比星（Tabby’s star），也有些媒体称之为WTF星或者Boyajian星。在这之后，许多天文台都把望远镜对准了这颗特殊的恒星。截止到笔者写稿时的2017年12月，这颗恒星已经被证实存在亮度持续变暗的现象。在开普勒望远镜对它观测的最初1000天里，它的变暗速率是每年0.341%，随后的200天，变暗的速度进一步加快，总计下降了超过2%，在此之后的200天，亮度又几乎不变。到了2017年5月再次变暗，而且这次变暗的幅度达到了3%，可以称得上是剧烈变化了。于是，泰比星的知名度瞬间飙升，一时间登上各大媒体，成了天文界的头号新闻。

泰比星的奇特亮度变化到底有没有可能真的是戴森球效应呢？目前还没有结论。可能的解释有很多种，除了“人为”之外，也有可能是自然天体的遮挡，而这个自然天体既有可能位于泰比星系，也可能位于人类了解不多的外太阳系，还可能是某种星际介质，当然也有可能就是某种我们未知的恒星本身的脉动现象。

不过，在没有进一步的证据表明这种现象是戴森球效应之前，我们必须保持非常谨慎的怀疑态度。毕竟，“人为”的可能性是所有可能原因中概率最低的。而且，科学精神中最重要的一条是：非同寻常的主张需要非同寻常的证据。发现戴森球就属于非同寻常的主张，那么对证据的要求也就更高。关于泰比星还会有哪些进一步的发现呢？大家可以关注笔者的自媒体平台“科学有故事”，我会持续关注、报道此事。世界最大的单口径射电望远镜FAST也会加入观测泰比星的队伍中。

二十二 冯·诺依曼机器人

虽然我们至今仍然没有发现戴森球，但是科学界都不得不承认这个想法绝妙无比。如果科学家也分派别的话，那么戴森显然是属于浪漫派的。

进入20世纪80年代以后，同样属于浪漫派的美国著名物理学家、宇宙学家法兰克·迪普勒（Frank Jennings Tipler，1947年~ ）又提出了一个比戴森球更富有浪漫色彩的理论，我们用这个理论来寻找外星人不但不需要望远镜，甚至都不需要抬头朝天看，只要去地下寻找就行了。

你一定觉得这事太不可思议了，我真不是跟你开玩笑。事情是这样的，这个理论首先跟计算机之父冯·诺依曼（John von Neumann，1903年~1957年）有着很大的关系。

如果说我们要列出一个历史上的著名神童录的话，冯·诺依曼是必然在列的，他不但是个神童，也绝对是个天才，智商高得惊人。他在1944年开始主持设计人类历史上最伟大的发明——电子计算机（后文中简称电脑），并在1945年奠定了电脑的设计思想，这个思想一直沿用至今。今天你看到的任何一台电脑、手机、iPad，等等，这些新潮的数码设备，其工作原理仍然是冯·诺依曼当年设计的那套原理，简单一点说就是二进制加五大件。电脑的运算指令全部采用二进制，到今天也没变。五大件就是任何一台电脑都由五部分组成：运算单元、逻辑控制单元、存储单元、输入单元、输出单元，这五大件到今天也没变过。因此，在有些场合，人们仍然把电脑称为“冯·诺依曼机”。我之所以要花费一番笔墨把冯·诺依曼这个神人简单介绍一下，就是要让你相信此人不是普通人，他的远见卓识是世间罕见的。

1951年，也就是在冯·诺依曼提出电脑的设计思想之后又过了6年，他又在数学模型上证明了一个他自认为非常重要的设想：一种具备自我复制能力的机器人，在理论上是完全可以设计并制造出来的。如同设计电脑的五大件一样，他也提出了这种会自我复制的机器人的构成部分：建造机构和建造程序。建造机构可以自动寻找合适的材料，然后把材料变换成各种所需的零件，这当然是超级复杂的，可能多达几十亿种零件。这些零件在建造程序的指挥下能被组装成跟自己一模一样的机器人。最后一步就是把这套建造程序再“拷贝”到机器人中，这样就完成了一个自我复制过程，就跟病毒的自我复制差不多。

这种会自我复制的机器人被迪普勒称为“冯·诺依曼机器人”。

当然，以人类目前所掌握的技术，离制造这种机器人还差着十万八千里，但是从理论上来说，它毕竟是完全有可能被制造出来的。20世纪80年代，迪普勒正式在论文中清晰表述了自己的观点，他完全相信一个高度发展的智慧文明必然会想办法设计制造冯·诺依曼机器人，因为机器人在探索外太空方面有着比生物体更多的优势。它们不需要空气，能在很大的温差中生存，不怕辐射，不需要庞大的生命保障系统。对它们来说，最重要的东西是能量，而在太空中很容易从恒星发出的光芒中获取能量，可以说，宇宙空间中是充满能量的。冯·诺依曼机器人在宇宙中就好像鱼儿在海洋中一样自由自在。而且，以冯·诺依曼机器人的实力，再自己建造个飞船什么的，就更不在话下了。

迪普勒说，只要建造出第一台冯·诺依曼机器人并把它发射出去，那么剩下的事情就不需要管了。它们会自己不断繁衍和扩张，建造它们的文明，只需要在家里舒舒服服地等待它们发回的报告即可。更有意思的是，迪普勒做了一个计算：他假定，如果每个冯·诺依曼机器人在找到合适的恒星系后，复制两个自己和两艘飞船，然后这三个机器人一起向新的恒星系探索，那么，只要经过36代的繁衍，整个银河系就是它们的了。这时就到了最关键的时刻，不可以再繁衍第37代了，否则整个银河系中的重金属都会被它们“吃”光。因此，在冯·诺依曼机器人的程序中必须要设定一种“绝育”程序，在第36代机器人被建造出来的时候，所有的机器人都将“挥刀自宫”。

冯·诺依曼机器人在银河系中的扩张速度完全取决于飞船的巡航速度，相较于巨大的星际空间，它们复制自己所需要的时间可以忽略不计。如果飞船的巡航速度能达到光速的十分之一，那么只需要300万年，整个银河系就是它们的天下了，每一个恒星系中都会留下它们的足迹。如果飞船再慢一点，达到光速的千分之一（这个速度不算快，在理论上以人类目前掌握的技术就有望达到），那么也只需要1亿年，银河系中就会爬满了这种机器人。1亿年与银河系大约130亿年的寿命相比，真的不算什么。

最近这几年，随着人工智能的兴盛，冯·诺依曼机器人又出现了另一种翻版。很多科学家相信最终有一天人类可以把自己的思想植入电脑中，人类不再需要生物体的躯壳，而可以直接活在由硅、金属和电流交织成的集成电路中，就像变形金刚一样。这些科学家相信，总有一天，人类中有一个分支将会成为变形金刚，他们继承了人类的思想和文化，又有一个不死之身，会在广袤的星际空间中征伐、殖民。变形金刚是冯·诺依曼机器人的一个升级版，虽然很像科幻大片，但宇宙中没有哪一条物理规律禁止这样的事情发生。其实，科学幻想之所以能称为科学幻想，最重要的一条就是不违背物理规律，很多曾被人们认为是异想天开的科学幻想今天都成了真。因此，冯·诺依曼机器人和变形金刚在全世界有着众多的信徒，难说这一天会不会到来，或许，来得比我们想象的还要快。

如果我们相信上述这一切，就无须去宇宙空间中寻找高度发达的外星文明存在的证据了。拥有45亿年历史的地球，完全有可能曾经是冯·诺依曼机器人的原料采集地。我们只需要在地层中探测某一个区域的重金属含量，如果明显低于平均水平的话，就很有可能是当年被“变形金刚”们挖去建造飞船了。同样的理论也可以应用到月球或者太阳系中的其他行星和小行星上。总之，如果哪一天我们真的发现重金属含量异常的话，冯·诺依曼机器人的理论或许是一种最方便的解释。

世界上有一些地外文明搜寻机构致力于用这种方法来寻找外星文明的遗迹，但至今尚未出现让世人信服的证据。

二十三 解剖外星人闹剧

就在天文学家们上天下地寻找外星人的忙忙碌碌中，时间悄然进入了20世纪90年代。一个崭新的时代到来了，天文学家们终于等到了一个重量级的武器——哈勃太空望远镜。这架多灾多难的太空望远镜经历了无数劫难，花掉了美国纳税人25亿美元之后，终于在1990年发射升空。但升空后又差一点成为太空垃圾——哈勃的主镜片被证实有2微米的误差，虽然这仅仅是一根头发丝的百分之一，但足以让哈勃患上“近视眼”，还不如地面上的望远镜看得清楚。直到1993年，NASA终于通过给哈勃戴上一副“近视眼镜”挽回了面子，也总算没让美国纳税人近30亿美元的付出打了水漂。

哈勃望远镜成了20世纪90年代到21世纪初天文学界的主角，它让我们对宇宙的认识达到了一个全新的高度。痴迷于寻找外星人的科学家们当然不会放过哈勃这个超级武器，可正当他们信心满满地要用哈勃做出重大发现的时候，一盘录像带的出现却差一点儿让人们忘记了哈勃望远镜，忘记了这个寻找外星人的正途。

1995年8月，英国的一家电视台收到一盘神秘的录像带。当录像带上的画面播放出来的时候，所有看到的人都震惊了，这是一盘长达90分钟的“解剖外星人”的录像。之后，各路专家出马，通过画面中的一些细节，他们认定这就是当年罗斯威尔事件中的外星人。这下子电视台高兴得简直要疯掉了，这简直是天上掉下来的礼物啊。他们也不再去追问这盘录像带的来源，开始迅速组织货源，卖给全世界的电视台。当年，全世界有44个国家的电视台播放了这段录像，全球的飞碟爱好者们就像过节一样庆祝这个史无前例的大发现，罗斯威尔外星人到底是否存在的疑问终于真相大白了。这段名为“解剖外星人”的录像现在很容易就能在网上搜到，你要是没看过，现在就可以上网搜一下看看。

这盘录像带在全世界引起了巨大轰动，无数人相信，外星人存在的铁证终于出现了。在全世界掀起的外星人热潮中，由威尔·史密斯主演的好莱坞科幻大片《独立日》开拍。这是一部讲述美国空军痛打外星人的商业大片，其主要情节就是建立在罗斯威尔事件之上的。影片公映是在1996年，那一年，我还是上海理工大学外语学院的大一新生，当时我看得热血沸腾，在一年之内至少反复看了4遍，背诵里面的台词，学着总统演讲：

“We will not go quietly into the night!”

“We will not vanish without a fight!”

“We're going to live on!”

“We're going to survive!”

“Today, we celebrate our Independence Day!”

这些台词我到今天都还记得清清楚楚。虽然从今天的眼光来看，这部影片有很多硬伤，幻想的成分太重，但有些电影就是为了娱乐，让我们感到快乐的电影就是好电影。

《独立日》已经在全球掀起了一股前所未有的探索外星人的热潮。紧接着第二年，1997年，又一部好莱坞大片，由朱迪·福斯特主演的《超时空接触》公映，就是本书引子中描述的那部影片，更是将公众对外星文明的热情推向了新的高度。在科学性上，《独立日》和《超时空接触》不可同日而语。《超时空接触》是根据卡尔·萨根（Carl Edward Sagan，1934年~1996年）的科幻小说*Contact*改编的，严肃探讨了人类文明与外星文明接触的可能性，绝对是一部科幻和科普的佳作。

其实那盘解剖外星人的录像带漏洞百出，很容易被识破。但是整整11年过去了，要不是一个执着的英国人终于找到了这盘录像带的制作者，还是有很多人宁愿相信它是真的。那个执着的英国人叫曼特尔，他用了10多年的时间追查录像带的来源，终于找到了这盘录像带的制作人，英国电视圈的名人哈姆费雷斯。此人后来也承认了确实是自己所为，并且亲自出面详细介绍了这盘录像带的制作过程，包括请了哪些人来当演员，外星人是怎么制作出来的，怎么用鸡内脏充当外星人内脏，等等。

那么罗斯威尔事件的真相又是什么呢？我只能告诉大家这件事情虽已真相大白，但如果你不相信，那么对你而言，就永远没有真相。2003年6月，罗斯威尔事件整整56年后，大批军方档案过了保密期，于是罗斯威尔事件的原始档案逐渐被解封。在这整整11箱的罗斯威尔事件档案以及过去的几十年中取得的各种调查报告中，事件的真相逐渐显现出来。其原委基本上是这样的：1947年，正值美苏冷战时期，两国频频进行核试验。为了有效探测苏联的核试验，美国军方实施了一项计划，代号“莫古尔”，这是一项属于军方绝密的A级计划。莫古尔计划其实就是利用高空气象气球来探测核爆产生的低频波，从而探知核爆的各项指标参数。根据设计要求，气球下方要悬挂各种标靶物。这些标靶一般都由军方委托玩具厂商制作，为了实验的需要，其中一些是用橡皮制成的人形标靶。一只探测气球坠毁在罗斯威尔，气球上的设备和几个假人散落一地，军方赶到后迅速回收。就是这样，完了。

但经过这么长时间，罗斯威尔事件和美国军方已经落入了“面壁者效应”中。看过小说《三体》的人都知道，一旦某个人被指定为“面壁者”，这个人永远就不可能再通过自己的努力恢复为正常人。因为他此后的行为都会被认为是在“装”，他说的任何话都会被认为是在蓄意欺骗。从这个意义上说，罗斯威尔事件已经永远不可能得到所有人认可的真相了，因为美国政府已经被一部分人定性为类似“面壁者”的“说谎者”，那么不论他们将来是继续否认罗斯威尔掉下了外星人还是承认掉下来的就是外星人，都只能让一部分人相信，其余一部分人仍然可以继续坚持自己的看法。

二十四 划时代的发现

罗斯威尔事件只能算是我们外星人搜寻史话中的“野史”，还是让我们回到“正史”上来吧，真正的科学史一定是由科学家们创造的。

1995年终于来了，世界上的天文迷们为这一年等待了几十年，它注定要成为外星人搜寻历史上最重要的年份之一。很多年以后，人们还在津津乐道这一年的天文发现。这一年，寻找太阳系外行星的事业有了重大的进展。

我们先来回顾一下本书第七节讲到的“天体测量法”寻找系外行星的内容：虽然我们无法在望远镜中直接看到系外行星，但是可以通过观测恒星有规律的“抖动”来推测这颗恒星被一颗行星环绕。但这个方法是一个典型的知易行难之事，我打过一个比方，这就好像是坐在游乐场的“咖啡杯”里面观察远在几千米外一盏小小的灯泡的微弱抖动。

但“天体测量法”却有着开创性意义，它为天文学家们打开了一个崭新的思路。在这个基础上，天文学家们又研究出了一种被称为“视向速度法”的观测方法。

我们已经知道，如果恒星周围有行星，那么这颗恒星就会围绕它们的共同质心旋转。现在想象一下：你站在一个很大的广场上，远处有一个人在原地绕圈跑，从你的角度望过去，你会发现这个人时而远离你，时而靠近你，我们把他相对于你视线方向的速度称为“视向速度”。假设一颗恒星做圆周运动，那么如果我们用视向速度作为Y轴，用时间作为X轴，就会得到像下面这样的一个正弦曲线：

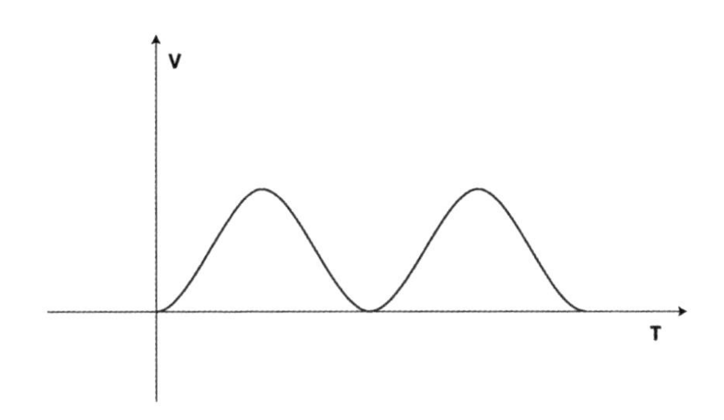

图1-26 恒星的视向速度是正弦曲线

话说，知道这个曲线有什么用呢？既然连抖动都无法观测到，难道还有办法测量出视向速度不成？所以说科学家就是聪明，他们总是能想到一些我们想不到的东西。首先回想一下，你有没有站在铁路边上看火车疾驰而过的经验？当一列火车从远处驶来，发出鸣叫时，你会听到鸣叫声的声调升高，从你身边驶过后，又会降低（注意：我这里说的是声调，不是音量）。这是因为声音是一种波，当波源向你飞速靠近时，它的频率会变高，反之则变低，这个现象以它的发现者命名，叫作“多普勒效应”。如果恒星也能像火车一样发出鸣叫声，那就好办了，我们只要竖起耳朵听一下声调的变化就能大致知道恒星的速度变化。遗憾的是，这该死的恒星它不会叫啊。幸好，恒星会发出很强烈的光，光也是一种波，同样会产生多普勒效应。当一颗恒星跟你之间有视向速度时，光波的频率就会忽而变高，忽而变低。光的不同频率对应着光的不同颜色，就像彩虹，一边是红色，一边是蓝色。当光的频率变低时，颜色就会朝着红色端移动，称为“多普勒红移现象”；反之就朝着蓝色端移动，称为“多普勒蓝移现象”。现在假设一颗恒星有视向速度，我们就可以用灵敏的光谱仪来检测多普勒效应，如果发现这颗恒星的光频率变化恰好符合上面的正弦曲线图，那么就可以推断出这颗恒星在原地兜圈子，那恒星为什么会原地兜圈子呢？想来想去，除了周围有一颗行星围绕着它旋转以外，想不出第二个解释了。因此，只要找到了产生视向速度的恒星，就相当于找到了行星存在的证据。

这真是一个令人拍案叫绝的方法，把人类现有的技术条件所能达到的观测精度大大提高了。因为光谱仪的精度要远远高于检测照片上恒星的位移的精度，最妙的是光谱的变化几乎不受地球自转和公转的影响，也不受大气的干扰，这简直就是天赐的礼物啊。

视向速度法一经发明，很快就迎来了激动人心的发现。1988年，加拿大天文学家布鲁斯·坎贝尔等人宣布，利用视向速度法，发现仙王座γ星拥有行星。但没过多久，布鲁斯自己开始怀疑自己的发现了，因为他的硬件设备不怎么灵，观测精度有点糙，来自圈内的质疑声又不断。所以，这个可怜的天文学家在巨大的压力面前不得不宣称对自己的发现结果尚有所保留，还在继续确认当中。这一确认就再没下文了，他就这样生生丢掉了第一个发现系外行星的桂冠。因为到了2003年，别的天文学家用更强悍的硬件设备证实了仙王座γ星确实有行星环绕，这时大家几乎已经把布鲁斯当年的工作都忘掉了。太多年过去了，天文学界已经发生了翻天覆地的变化。

真正具有里程碑意义的历史性发现是在1995年10月6日。瑞士天文学家米歇尔·麦耶（Michel G. E. Mayor，1942年~ ）及戴狄尔·魁若兹（Didier Queloz，1966年~ ）宣布发现了一颗围绕飞马座51的行星，这一天现在基本上被公认为人类发现系外行星的开端。[①]

这两个瑞士人是幸运的，虽然寻找系外行星的工作极其枯燥，但他们数年的辛勤得到了回报。然而，与此形成鲜明对比的是两个悲情的美国天文学家，马西和巴特勒。这俩老哥在加州拥有当时世界上最先进的设备，为了寻找系外行星已经付出了11年的努力，他们确信利用视向速度法肯定能找到系外行星，虽然一直未能如愿，不过他们始终不曾放弃。1995年的一天早上，他们还没睡醒，就听说了两个瑞士人宣布发现了飞马座51星有行星环绕。这

① 虽然美国天文学家在1992年发现了一颗脉冲星周围有行星，但脉冲星不同于普通的恒星，它是超星新爆发后的残骸。一来，在脉冲星周围有行星这件事在逻辑上很难说通，行星为什么没随着恒星的爆炸被炸飞呢？二来，脉冲星会发射出威力巨大的辐射，即使有行星，上面也不可能有生命存活。所以这个发现对外星生命的探索意义不大。

俩人大吃一惊，觉得难以置信。马西对巴特勒说："该死的，这不可能，我们对飞马座51星有一抽屉的观测资料，要是有行星我们早就应该发现了！"于是两个人立即重新分析那一抽屉的观测资料，结果很无奈地证实这两个瑞士人是对的。这里面的关键问题在于飞马座51的这颗行星的公转周期只有4天，而马西他们一直以为周期会是10年左右，谁能想到居然有一颗行星4天就绕恒星转一周，这速度也太惊人了。他们忽略了4天波动一次的数据，就这样错过了可能影响他们一生的发现，第一个发现系外行星的桂冠就这样幸运地落在了两个瑞士人的头上，这让马西和巴特勒无比胸闷。

不过，遗憾的是，在更灵敏的仪器发明之前，利用视向速度法发现的行星都不可能允许生命产生。因为限于目前的技术所能达到的精度，视向速度法只能观测到巨大的类似木星这样的气态行星引起的恒星抖动——不但要个头大，还得离宿主恒星比较近，只有这样引起的恒星抖动才足够大到能被光谱仪捕捉。而地球这样小巧的类地行星由于质量相较恒星来说实在太小，它引起的抖动还无法被捕捉到。因此，想要发现允许生命存在的类似地球这样的系外行星，利用视向速度法目前还是不可能的。

但不管怎么说，1995年绝对是一个可以载入史册的年份，发现太阳系以外的行星的意义不论怎么评价都不为过。过去，人们总在说太阳只不过是宇宙中普普通通的一颗恒星，地球只不过是绕着这颗普普通通的恒星运转的一颗普普通通的行星。但说归说，并没有证据啊。像德雷克、卡尔·萨根这些老一辈的外星人痴迷者之所以对外星人的存在深信不疑，也都是基于这个"平凡理论"：恒星很普遍，太阳很平凡，行星很普遍，地球很平凡。在第一颗太阳系外行星发现之前，"平凡理论"永远只能是一种主观合理判断，但并不能成为一个"观测事实"。在飞马座51行星被瑞士人发现之后，全世界的天文学家中再没有人怀疑，我们这个宇宙中除了遍布恒星外，也遍布着"行星"。

这里介绍一下系外行星命名的小知识，天文学界一般把某一个恒星系中发现的第一颗行星命名为"恒星名 b"，第二颗就是"恒星名 c"，以此类推。所以，第一颗被确认的系外行星就是"飞马座51 b"。

飞马座51 b星的发现激励和鼓舞了全世界热衷于寻找太阳系外行星的天文学家。很快，第2颗、第3颗……系外行星被不断发现。人们已经无法满足于仅仅找到巨大的气态行星，新的竞赛已经开始，那就是看谁能第一个发现类地行星（固态行星）。天文学家们都明白，大家拥有的设备都差不多，观测精度谁也不比谁强到哪去，这场竞赛的关键在于方法和理论的创新，要靠理论指导实践。

观测理论的突破终于在20世纪的最后一年到来。

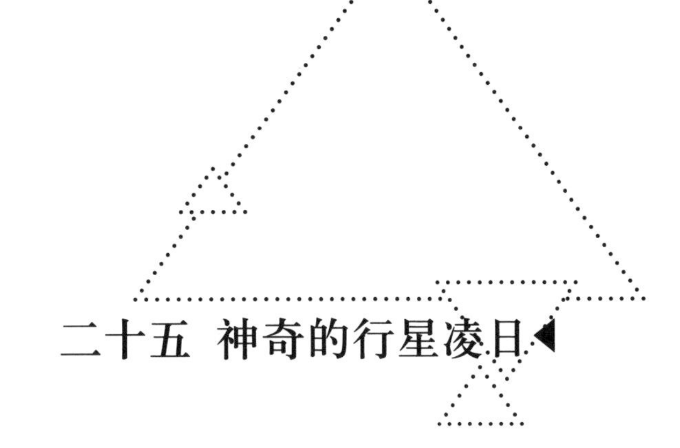

二十五 神奇的行星凌日

在第一颗系外行星被发现的4年后，好运气落到了美国加州理工学院的天文学家戴维·沙博诺（David Charbonneau）身上。有人利用视向速度法发现一颗叫作HD209458的恒星有行星围绕，他便利用哈勃望远镜观测并记录了这颗恒星的亮度，结果，神奇的一幕发生了，让我们来看看哈勃记录到了什么：

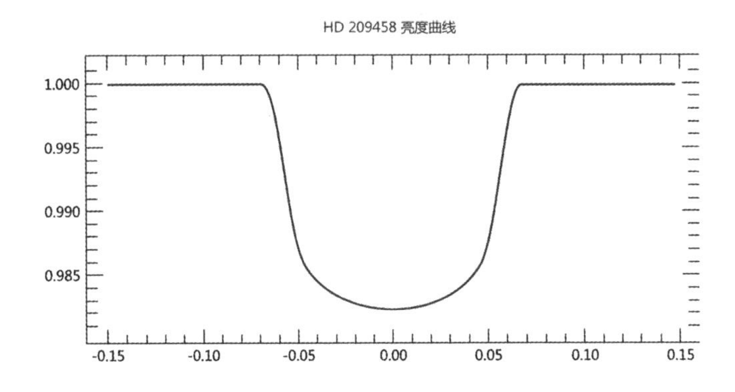

图1-27 恒星HD209458的亮度有规律地衰减

这颗恒星的亮度每隔7天会减弱一次，亮度会丢失1.5%，每次持续几个小时，非常有规律。天文学家马上意识到引起这一恒星亮度有规律变化的发现又是一个天赐的礼物，为什么会有这种变化呢？其实很简单，从我们观察者的角度看过去，围绕着这颗恒星旋转的行星每隔7天从恒星的表面经过一次。这种天文现象被称为“行星凌日”，在太阳系经常发生，比如说日食其实就是月球凌日，从我们观察者的角度看过去，月亮挡住了太阳，所以太阳会骤然变暗。

用这个办法寻找行星是具有划时代意义的。因为要观测恒星的亮度变化比观测多普勒效应要更“容易”，准确地说，精度更高。这个精度足以让我们发现质量较小、离恒星较远的类地行星。通过恒星亮度衰减的程度以及凌日的时间等数据（再配合视向速度法测量的数据），我们还能够比较精确地计算出这颗行星的质量、体积、轨道周期、与恒星的距离等数据。

不过，虽然精度是够了，要寻找到类地行星仍然相当不易。首先，一颗行星要能够相对我们产生凌日现象，它的运行轨道必须和地球在一个平面上。如果地球处在“俯视”的位置上，就永远不可能观察到凌日现象，而两者处在同一轨道平面的概率只有大约1%。

其次，一颗较小的类地行星的公转周期往往长达数年，这就产生了一个有关逻辑严谨性的问题：如果你第一次观察到恒星亮度变化，这还不足以证明有行星凌日，可能会有其他偶然因素干扰，比如一颗太阳系内的小行星挡住了被观测的恒星。当第二次观察到恒星亮度变化，也还不能确保是行星凌日。只有当经过和前两次相同的间隔时间之后，第三次又观察到了恒星的亮度变化，而且亮度变化的幅度和持续时间都相同，才算得到了明确的证据。

最后，还得有点好运气，行星凌日的时候必须得是晚上（太空望远镜不受限制），天文学家也是昼伏夜出工作的人群。因为系外行星的公转周期不可能恰好是24小时的整倍数，所以很可能第一次凌日发生在晚上，第二次就发生在白天了，那么就又得多等一个周期才能再次在晚上观测到凌日现象。所以你看看，天文学家得是多么有耐心的一群人啊。

行星凌日法终于在理论上允许人类通过望远镜发现太阳系以外的类地行星了。有了这个强大的理论，天文学家普遍认为找到第一颗类地行星仅仅是时间问题，没有任何悬念。这又是一场新的竞赛，就像当年瑞士人第一个发现系外行星一样，要在这场竞赛中获得胜利，除了要有强大的毅力和耐心，还需要运气女神的垂青。本以为发现系外类地行星的激动日子很快就会到来，没想到这一等就是五六年。

在等待第一颗系外类地行星发现的日子中，美国加州伯克利大学的一帮年轻人为寻找外星人的事业做出了一个奇特的贡献。

二十六 SETI@Home计划

进入20世纪80年代以后，天文学家们意识到一个严重的问题，那就是搜寻外星人电磁波信号的最大瓶颈居然不是射电望远镜，而是“耳朵”不够用。此话怎讲呢？现代大型射电天文望远镜阵列都是自动化探测，科幻电影中出现的拿着耳机、转着旋钮的科学家毕竟只是为了剧情需要，靠人耳朵去听是绝对听不过来的。真实的探测工作是对天空进行扫描，动不动就要扫描几百万个频率，然后把海量的数据记录下来，由分析人员利用计算机分析，从中寻找可能是非自然产生的脉冲记录，比如说三连波讯号（即连续三个等间距的突波），等等。但是这些数据量极其庞大，光是阿雷西博一台望远镜每天产生的数据就有300G还不止。处理这么庞大的数据，计算机的中央处理器（Central Process Unit，简称CPU）根本不够用。

美国加州伯克利大学的一帮年轻人想到了一个绝妙的主意，来解决这个缺少CPU的问题，而且还不用花钱。他们想到，全世界有无数人对搜寻外星文明感兴趣，这些人大多都拥有个人电脑，而电脑总有空闲的时候，何不利用这庞大的空闲资源来帮助SETI组织分析电磁波信号呢？这些年轻人马上动手设计出了一个屏保程序，程序启动的时候会自动从服务器上取一份电磁波信号数据（主要是来自阿雷西博的数据），分析完以后就传回服务器，再取一份下来继续分析。因为这是一个屏保程序，所以不会影响参与者平时的工作。伯克利大学的这帮年轻人把这个计划取名为“SETI@Home”，非常形象，就是坐在家中搜寻外星人的意思。1999年5月17日，SETI@Home计划的服务器正式开启，全世界天文迷们蜂拥而至，热情之高超出预料，服务器差点被挤爆。无数人幻想自己能成为第一个发现外星文明信号的人，虽然这个概率比中百万大奖彩票低多了，但梦想总是要有的，万一实现了呢。最重要的是，这个程序设计得非常酷，单纯用做屏保也绝对能让人眼前一亮。我们来看看它运行时的界面：

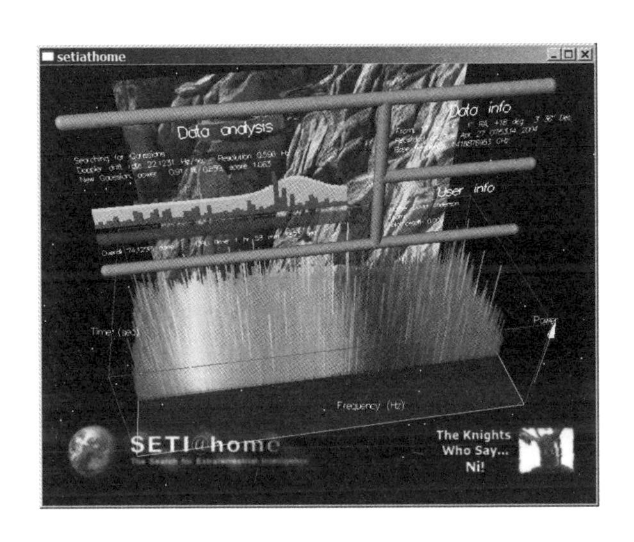

图1-28 SETI@Home程序运行时的界面

如果你也想加入搜寻外星文明的队伍，现在就可以打开http://setiathome.berkeley.edu/这个网页，下载程序，或许你将成为第一个发现外星文明信号的人。SETI@Home是迄今为止最成功的大规模分布式计算的应用项目。10多年来，已经有上千万用户安装过该程序，并且累积了几百万年的CPU计算时间，累积运算量已经远远超过了全世界的大型计算机能够达到的工作时间总和，这是一个了不起的发明。遗憾的是，SETI@Home迄今为止仍无收获，2011年5月还曾一度因为资金问题被迫关闭服务器，好在各界人士奔走呼告，重新募集捐赠，使得这个项目能够继续。不过整个SETI计划的经费来源已经越来越紧张，过去最主要的经费来源是美国国家科学基金会和美国政府，每当经济不景气，基金会和政府预算中首先被砍的就是这部分资金。现在这个项目已经升级成为一个更广泛的分布式计算的项目，称为伯克利开放式网络计算平台（Berkeley Open Infrastructure for Network Computing，缩写为BOINC）。除了SETI项目，在这个分布式计算平台上还有几十个非常有趣的项目，例如寻找大质数，分析欧洲核子中心大型强子对撞机产生的数据，寻找脉冲星，甚至破译二战时期截获的密电，等等。大家可以搜索关键词BOINC找到官网下载软件，参与全世界最前沿的科学研究，贡献您的计算机空余时间。

SETI计划现在遭遇资金危机的一个最重要的原因是这60年来的努力全部无功而返，唯一的成果似乎只有那个72秒钟的Wow信号。换了任何一个普通人，一想到花了几千亿美元就只收获了这么一个信号的话，我想多半也会喊出一声“Wow”来。

但是我坚信SETI计划是不会停止的，人类对宇宙深处的好奇将驱使我们寻找真相。中国将接过SETI计划的接力棒，FAST望远镜已经投入工作，SKA大型射电望远镜阵列在不远的将来也会投入工作。SETI计划在我们中国人的积极参与下，必然会掀起新的高潮。

二十七 搜寻外星人国际公约

早在1974年，德雷克就主持了人类历史上的首次METI行动，利用阿雷西博射电望远镜发射了阿雷西博信息。在阿雷西博之后，全世界有越来越多的科学家站出来质疑和反对这种行为。但是反对声一直没有取得决定性的胜利，依然有很多知名科学家热衷于METI。

分别于1999年、2001年和2003年进行的三次大规模的METI行动，把站在反对阵营的科学家们都激怒了。很快，在METI的支持者和反对者之间展开了激烈的全球大辩论，越来越多的名人加入这场论战，霍金就是一个坚定的METI反对者。渐渐地，反对方的意见得到了国际社会越来越多的认可。

在这种背景下，2005年3月，在圣马力诺共和国召开了“第六届宇宙太空和生命探测国际讨论会”。这次会议重点讨论了METI行为到底会给人类带来何种危险。各方观点激烈交锋，其激烈程度不亚于我在前面虚构的那场辩论赛。最后，一个叫作伊凡·艾尔玛（Iván Almár，1932年~）的科学家提出了一个观点，取得了较为广泛的认同。

艾尔玛认为正反两方的观点都有点极端，地球上的电磁波发射行为不能一概而论，不同的发射行为给地球带来的危险程度是不一样的。首先要把不同的发射行为的危险程度量化出来，再讨论哪些行为应该禁止，哪些行为可以谨慎为之。然后，艾尔玛展示了他的工作成果，一份评估信号发射危险系数的对照表，这就是著名的“圣马力诺标度（The San Marino Scale）”。

圣玛力诺标度（SMI）主要基于两项参数的考虑：所发射信号的强度（I）和特征（C）。

信号强度（I）	I数值	信号特征（C）	C数值
ISOL（太阳背景辐射强度）	0		
~10* ISOL	1	不含有任何内容的信号（如星际雷达信号）	1
~100* ISOL	2	目的是发射给外星文明且被其接收的稳定非定位信号。	2
~1,000* ISOL	3	为引起地外文明的天文学家注意，在预设时间向定位的单颗或多颗恒星发射的专门信号	3
~10,000* ISOL	4	向地外文明发射的连续宽频信号	4
≥100,000* ISOL	5	对来自地外文明的信号进行回应（如果他们仍然不知道我们的存在）	5

通过这种方式，从地球传送向其他星体的信号所产生的25种可能结果，其危险程度可量化为10个等级：

评估等级	10	9	8	7	6	5	4	3	2	1
潜在危险	极端	显著	很高	高	偏高	中	偏低	低微	低	无

圣马力诺标度使用的数学模型，与1997年由行星天文学家理查德·宾泽尔（Richard P. Binzel，1958年~ ）提出的“都灵标度（The Torino Scale）”类似。都灵标度是试图对小行星和彗星对地球造成的危险程度进行量化分级的一项指标。而这两种标度之所以能采用相同的数学方法，是因为在科学人士看来，人类所发射的信号被地外文明接收到，与小行星和彗星撞击地球，二者同属极端低概率事件，是类似的。

如果科学界在这份危险系数的量化表上能取得共识，那么再就此问题争论起来，就会更有基础，避免陷入各种空对空的纯辩论。现在，整个科学界对这份标度的认同度正逐日提升，对于METI行为，人类正在逐步取得共识。从上面两个表中可以看到，如果有一天SETI取得了成果，确定收到了外星文明的信号，对这个信号的回应将是极端危险的行为。因为我们的回应行为将直接把地球在宇宙中的精确位置暴露给外星文明，这会让我们陷入极其被动的局面。换句话说，对方在暗处，我们在明处，主动权就完全掌握在外星人手中了。

于是，在一些天文学家的共同努力下，国际航空学会搞出了一份国际公约，号召所有从事地外文明探索的组织和个人遵守这份公约。当然，这份公约目前尚不具备强制性的法律效力。

寻找地球以外智慧生命国际公约

我们是寻找地球以外智慧生命的研究团体和个人。

我们认为寻找地球以外的智慧生命是人类进行空间探索的重要组成部分。同时也是维护人类和平、满足人类求知欲必不可少的科研项目。在深知获得其他智慧生命信息的可能性较小的情况下，我们仍然被这个激动人心的课题牵引着努力前行。

参照人类开发外层空间，包括月球及其他天体的国际公约，考虑到早期探测可能存在的不周密性或不确定性，所以，要尽量确保寻找地球以外智慧生命的高度科学性及确实可信性。我们同意对有关探测到的地球以外智慧生命的资料不加任何推测，坚决遵守下列条约：

1.任何国家、集体、个人的研究所或者政府机构，认为探测到地球以外智慧生命存在的依据后，一定要从多个方面证明确实是来自其他星球的人工信息，而不是自然现象或者地球上人类造成的结果。在没有确认前，不允许做任何公开宣传。如果不能确认是地球以外的人工信息，发现者不可以将其推测为任何不可知的现象。

2.发现者自己确信可能接受到了地球以外智慧文明的信号或者现象后，应尽快告之从事此项研究的其他观测团队或参与者，让他们在各自观测地点单独进行观测，形成一个监测这个特殊信号或者现象的监测网。在没有确认前，任何人不得公开此消息。

3.上述监测网确认已发现地球以外的智慧生命后，发现者应将此报告给国际天文学会的天文报道中心，通过他们报告给全世界各个国家的科研人员。发现者同时将有关发现的确切数据及记录告知下述机构：国际电信联合会、国际科学学会的空间探测分会、国际宇航联合会、国际航空学会、国际空间理论研究所、国际天文学会51组和国际无线电科学学会的J组。

4.将确认发现地球以外智慧生命的事实不加任何推测地迅速、准确地通过新闻媒介公开报道。发现者享有首先报告此项发现的优先权。

5.所有关于探测的数据应尽可能以公共媒介、会议、讨论等形式向国际科学界公开。

6.有关确认及检测地球以外智慧生命存在的证据一定要长期保存，以便将来做进一步分析、解释。这些资料可供上述国际组织及科研人员在今后的工作中研究参考。

7.如果探测到的信息是无线电信号，此公约的遵守者们可以申请国际无线电联合会批准保护此频率的信号。

8.未征得国际组织研究批准前，不允许给那个地球以外的智慧生命发任何信号或者信息。

9.国际航空学会的寻找地球以外智慧生命学会将与国际天文学会一起，研究制定继续探测地球以外智慧生命计划及处理后续接收数据方法。并负责成立一个由科学家及专家组成的专门国际组织，来分析收集的所有资料，解答公众提问。为确保该组织能够在将来的任一时间迅速建立起来，国际航空学会负责创建并保存一份上述各组织中适合加入该新建组织的人员以及其他有此项专长的个人名单。国际航空学会将每年一次向所有遵守此公约的团体及个人或国家机构宣布这份名单。

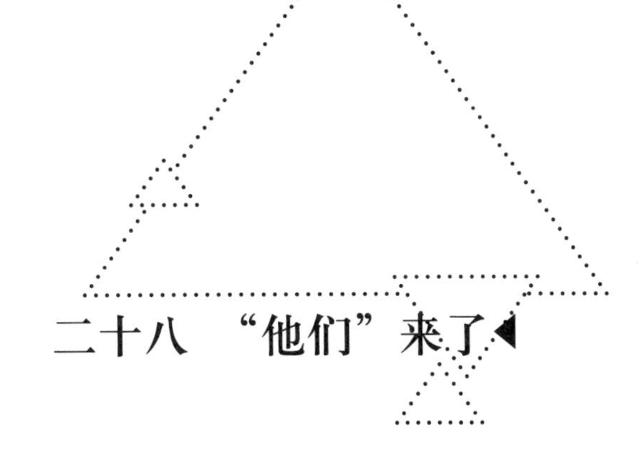

二十八 “他们”来了

宇宙是如此之大，太阳连一颗尘埃也算不上，更不用说小小的地球了。在太阳系以外，必然存在类地行星，也就是类似地球这样的行星，这已经是20世纪天文学家的共识了，只是还缺一个证据，进入21世纪后，证据终于出现了。

早在1998年，就有一颗叫“格利泽876”的红矮星引起了人们的极大兴趣，因为两个独立的研究小组在这个恒星系中发现了行星。当然，限于当时的条件，只能找到巨大的热木星，所以这颗行星是一颗比木星还要重2.3倍的气态行星。到了2001年4月，在这个恒星系中又发现了一颗质量大约是木星30%的行星，这也是一颗气态行星。

这两次发现，让我们对这颗恒星的兴趣大大增加。终于，在2005年6月13日，人类找到了第一颗超级地球。天文学界一般把质量不超过地球10倍、直径大约是地球1.25 ~2倍之间的岩石星球称为“超级地球”。这就是“格利泽876 d”，距离地球仅为15光年。

“格利泽”是一个星表的名称，得名于德国的天文学家格利泽，他在1957年发布这份星表，收录了距离地球20秒差距之内的将近1000颗恒星。后来，这份星表升级为22秒差距之内的1529颗恒星。

找到太阳系外的“超级地球”仅仅是第一步，因为对于生命来说，光有固态的表面还远远不够。我们在引文中已经说过，本书中所说的外星文明指的是与我们地球生命相似的以碳（C）和水为主要构成物质的生命。虽然生命不一定都要跟我们类似，但我们只能研究与我们类似的生命形式，其他未知形式的生命，既然“未知”就无从研究。

因此，要找到外星文明的关键是“液态水”，只有找到了允许液态水存在的行星，我们才能指望这颗行星上存在文明。而一颗行星要允许液态水的存在，条件是极为苛刻的。首先，它距离恒星的位置必须要合适，不能太远也不能太近，使得行星表面的温度不高不低，恰好可以允许液态水的存在，这个区域也被称为“宜居带”。行星要位于宜居带的概率并不高。如果把太阳系想象成一个足球场那么大，用美工刀在太阳周围画个圈，刻出来的划痕差不多就是宜居带的大小了。然后，恒星的质量也必须和地球差不多，如果太大，则会导致引力很大，大气过于稠密；太小，引力又无法吸附住大气，如果没有大气，行星表面就无法存在液态水。

但宇宙之大，这点小概率又算得了什么呢?

格利泽581是一个红矮星，距离地球20.4光年，质量是太阳的31%，直径是太阳的29%，表面温度是3480K。2005年8月，15.8倍地球质量的行星格利泽581b被发现。2007年4月，两个超级地球，格利泽581c和格利泽581d被同时发现，质量分别为地球的5.5倍和7倍，其中格利泽581d位于0.22个天文单位处，公转周期66.9天，恰巧位于宜居带内。在这个位置上，格利泽581d所能获得的热量是地球的30%，比火星还要少。但是由于其质量和体积较大，有可能拥有大气且存在温室效应。如果真是这样，格利泽581d的表面就有存在较大面积海洋的可能性。但当时这个发现并没有引起太大的轰动效应，媒体也没有广泛报道，真正让超级地球火爆的是2010年。

2010年9月30日，那一天秋高气爽，我在丈母娘家吃晚饭，电视里正在放CCTV的新闻联播，我正吃着最爱的红烧鲫鱼。突然，一条新闻让我放下饭碗，冲到了电视机前面。一则激动人心的消息传来，一颗处于宜居带的超级地球被发现了！还是在“格利泽581星系”，位于“格利泽581d”内侧，被命名为“格利泽581g”，质量为地球的2.2倍，距离恒星0.13个天文单位，公转周期32天，与格利泽581 d刚好构成1:2共振，所处的位置给了江河湖泊以存在的条件，所有一切条件都梦幻般合适。这条新闻受到媒体的广泛报道，让无数的天文迷激动不已。它一下子让人类意识到“地球”这样的行星存在的概率原来比想象中还要高出很多。

图1–29 格利泽581 g的假想图

2009年3月6日，天文学界迎来了一件大事，美国航空航天局的开普勒空间望远镜发射升空。这架望远镜携带着人类智慧的精华，装备精良，是专门为了用凌星法寻找系外行星而设计的。它的工作原理简单直接，就是对着天鹅座占据全天大约20%的天区不停拍照，然后判定哪些恒星的亮度会产生周期性变化。全世界的天文学家都在等待开普勒望远镜带回来激动人心的消息，而开普勒望远镜也确实没有让天文学家们失望，在接下去的近10年中，搜寻系外行星的主角绝对是开普勒望远镜。

开普勒上天以后，激动人心的消息以月为单位让人们应接不暇。

2011年12月5日，NASA首次证实又找到了一颗迄今为止环境最接近地球的行星，这颗最新确认的系外行星名为“开普勒–22b（Kepler–22b）”，其直径约为地球的2.4倍。

这颗行星距离地球约600光年，它的一年相当于地球的290天，它围绕运行的中央恒星和我们的太阳非常相似，只是质量稍小，温度也相应低了一些。它的表面温度是非常适合生命发展的21度。虽然科学家目前仍不清楚该行星的组成物质中大部分为岩石还是气体或液体，但NASA的科学家表示，这颗行星是目前发现的除地球之外最有可能出现生物的星球。

开普勒望远镜真算得上一员猛将。综合英文维基百科和NASA官网提供的数据可以得知，截止到2017年8月，天文学家已经发现了将近5000颗系外行星候选者，超过3200颗已被确认，其中80%以上都是由开普勒空间望远镜发现的，这其中被确认位于宜居带的行星有53颗。由于发现的速度越来越快，数量越来越多，以至于现在宣布发现系外行星已经不是什么新闻了。最近的一次天文大消息是2016年8月，在距离地球仅仅4.23光年的最近的恒星比邻星附近也发现了一颗超级地球，也处在宜居带内。不过这次是欧洲南方天文台发现的。

天文学家们已经用明确的证据向我们证明了，宇宙中不但有类地行星，而且非常多。

这是一个天文大发现狂飙突进的年代，我们都赶上了好时候。我觉得已经没有什么能阻止人类在未来的20年中做出惊天大发现了。我们都是幸运的一代，只要躲在家中的被窝里动动鼠标，就可以亲历最前沿的天文观测。

“他们”真的来了！

图1-30 开普勒-22b的假想图

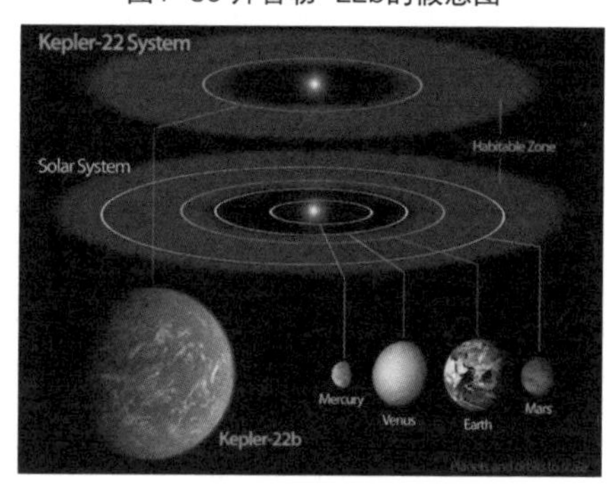

图1-31 开普勒-22b行星系统和太阳系行星系统对比图

中部
讲理

一 宇宙中只有我们吗？

我先给你看一张图片，估计你一眼就能认出它：

图2-1 我们赖以生存的家园

是的，谁都可以认出，这颗美丽的蓝色星球就是我们人类生存的家园——地球，在茫茫宇宙中漂浮着，它的美丽与生俱来，太阳系中没有任何一颗行星能与之媲美。

下面我们再来看一张照片，请你再来认认：

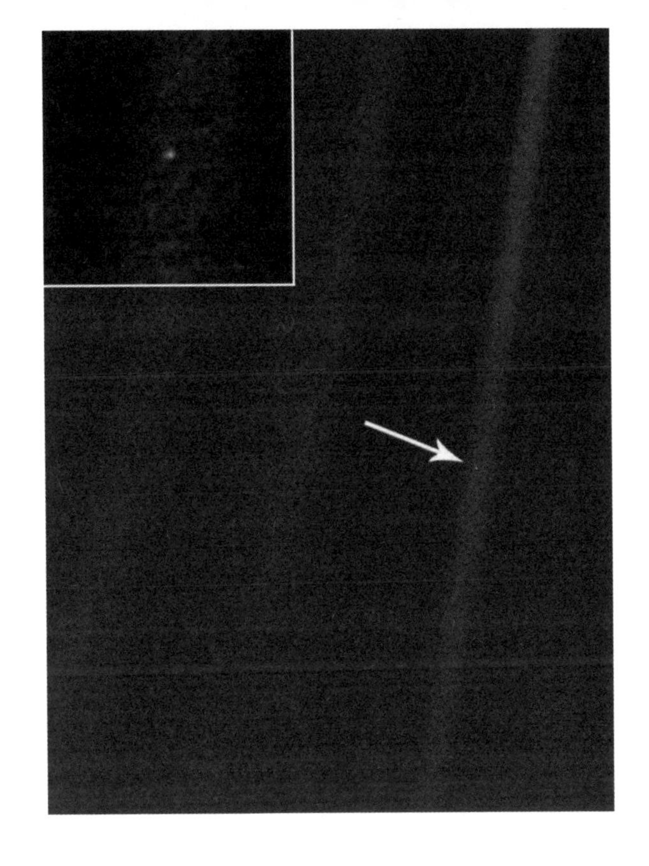

图2-2
旅行者1号拍摄的地球

这是2007年美国国家航空航天局评选出的历史上"从太空看地球"十佳照片之首。就是这么一张初看上去毫不起眼的照片，占据了当年全球各大新闻媒体的头条。这张照片是在1990年拍摄的，是美国发射的旅行者1号探测器飞到距离地球64亿千米的地方时留下的"回眸一瞥"。在著名的天文学家卡尔·萨根的强烈要求下，NASA才不惜耗费对于空间探测器来说极其宝贵的能源和影像资源，拍下了这张照片。这张照片对于天文学和宇宙学研究来说，毫无用处，但是对人类造成的震撼却不是任何一篇学术论文所能比拟的。原来，从64亿千米远的地方来看，我们"美丽的蓝色星球"不过是一个暗淡的"小光点"。如果不是特别指出来，恐怕你无法将其和图片上的噪点区分开来。

你可能觉得64亿千米是一个很遥远的距离。然而我要告诉你，从天文学的角度来说，这真的叫"近在咫尺"，甚至用这个词都显得太遥远了，用"就在眼皮底下"形容恐怕也一点都不过分。让我来帮你理解一下64亿千米在宇宙中到底是个多远的距离。在天文学上，我们一般用光走多少时间来表示距离，比如，1"光秒"就是30万千米，1"光时"就是10.8亿千米，1"光年"

就是9.4万亿千米。那么旅行者号拍摄地球的距离大概就是6“光时”差一点，我们的太阳系的大小（广义的太阳系的范围是以奥尔特云为界限）大约是半径2光年。所以，旅行者1号只不过走了太阳系半径的1/3000多一点的距离。如果把太阳系想象成一个足球场，太阳位于足球场的中心点上，那么旅行者1号无非就是离开了中心点差不多50厘米的距离。

怎么样，是不是有点感觉了。旅行者1号仅仅在宇宙中走了那么一点点距离，可是从它上面看到的地球已经变成了如此暗淡的一个小光点，周围是黑漆漆的一片广袤的宇宙空间。你是否和我一样产生了一点孤独感呢？从旅行者1号的这个位置看太阳，太阳也就变成了比其他星星稍微亮那么一点点的一颗普通星星。如果旅行者1号再往前走到0.5光年的地方，那么太阳就会完全淹没在银河系中的千亿星辰中，完全不特殊了。

旅行者1号是1977年发射的，飞到拍照片的那个位置用了13年，它没有停下来。它再飞50年后就会进入奥尔特云，然后要用3、4万年的时间穿过这片或许由上万亿个冰块（也就是彗星）组成的“云”区，这才算是真正飞出了太阳的引力控制范围。飞出了太阳系，就来到了几乎完全空无一物的巨大星际空间。73,600年后，它才能经过离太阳系最近的一个恒星系，半人马座比邻星。坦白说，7万多年后，人类文明是否还存在都是个问题。而这7万多年的飞行，仅仅不过飞行了不到4光年，用宇宙的尺度衡量，这简直不值一提。

通过上面的这些描述，你可能已经开始咋舌了——没想到太阳系居然这么大。其实和整个宇宙相比，太阳系不过是一粒尘埃而已。前面说到，旅行者1号要飞行7万多年，才能飞出不到4光年的距离，而这4光年差不多是银河系中恒星之间的平均距离。我们的太阳在银河系中不过是一颗不大不小的普通恒星，而目前认为银河系包含的恒星总数是2000亿到4000亿颗。2018年，全球的总人口是75亿，你闭上眼睛想象一下，把地球人口乘以30，每一个人代表一个太阳，这就是银河系中太阳的数量。如果你对这个庞大的数量感到有点吃惊的话，我将让你已经合不拢的嘴张得更大，我再向你展示一张图片：

图2–3 哈勃超深空场

上面这张图片是哈勃望远镜在对准宇宙深处，积累了将近半年的数据之后获得的。这个镜头中覆盖的区域相当于全天空的1270万分之一。你千万不要以为，这张图片中的每一个亮点是一颗“星星”，那就大错特错了。这个镜头中的每一个亮点都是一个像银河系一样包含千亿恒星的星系，而银河系在宇宙中只不过是一个中等偏小的星系。这张图片的区域中大概包含了1万个星系。而根据最新的估算，宇宙中星系的总数超过1400亿个，随着天文望远镜尺寸不断增大，观测不断深入，这个数量只会增加，不会减少。

这样看来，在宇宙中像太阳这样的恒星的数量岂不是多到不可想象！恒星的数量确实多到不可思议的程度，但并非难以想象。我可以打一个粗略的比方来帮助你理解这个数量。你想象一下自己来到海边，在海滩上随手抓起一把沙子，你认为自己能抓起多少沙粒呢？我知道你肯定估计不出来，只是觉得肯定不少。每个人手掌大小不同，粗略地说，一把沙子大概有几十亿颗沙粒。想象一下，把全世界的沙粒都集中起来，不管是海滩上的还是沙漠中的，这些沙粒的数量就差不多和宇宙中已知的恒星数量有得一拼了。除了“恐怖”，我实在想不出第二个形容词来形容这个数量有多么大了。

我们的太阳在宇宙中是一颗平凡得不能再平凡的恒星，而根据开普勒望远镜最近几年的发现，天文学家们向我们证实了类地行星也普遍存在于恒星系统中。下面让我们来做一个简单的计算：银河系中有2000亿颗左右的恒星，其中50%带有行星，平均每个恒星带3颗行星（从现有的观察结果来看，这还是一个保守的数字），那么就有3000亿颗行星。这些行星里面至少有10%以上是由岩石构成的类地行星，也就是300亿颗，这里面至少又有1%位于宜居带上，那么就有3亿个“宜居类地行星”。注意，以上这些数字并不是我们拍脑袋的乱估计，全都有实际的观测数据作为支撑，这还是比较保守的估计，实际数量可能远远大于这个数字。再次请你注意一下，我这里计算的只不过是银河系而已，仅仅是银河系就有可能存在3亿个“地球”，那么整个宇宙呢？我们已经知道宇宙至少包含1400多亿个像银河系这样的星系，那么整个宇宙的“地球”数量是3亿乘以1400亿，这个数量是多大呢？至少是一个一眼望不到尽头的大沙漠中沙粒的数量，总之很多很多就是了。

有了上面的这些概念，你还会认为宇宙中只有我们人类这一种智慧文明吗？显然，大多数人都会达成共识：宇宙中不可能只有我们。人类的出现，证明智慧文明在宇宙中诞生的概率大于0，而在如此巨大到恐怖的样本空间下面，一个概率大于0的事件怎么可能只发生一次呢？

外星人一定普遍存在于广袤的宇宙中，这一点，绝大多数天文学家和我都深信不疑。当然，如果是在严谨的学术论文中，我们不能就此说百分之一百有外星人存在。但是在日常的口语表达和科普作品中来讲，我们可以认为宇宙中“一定”有外星人。美国国家航空航天局也深信宇宙中有外星人的存在，因为，在NASA的官网上，我们可以看到，NASA的使命是：

“理解并保护我们赖以生存的行星；探索宇宙，找到地球外的生命；启示我们的下一代去探索宇宙。”

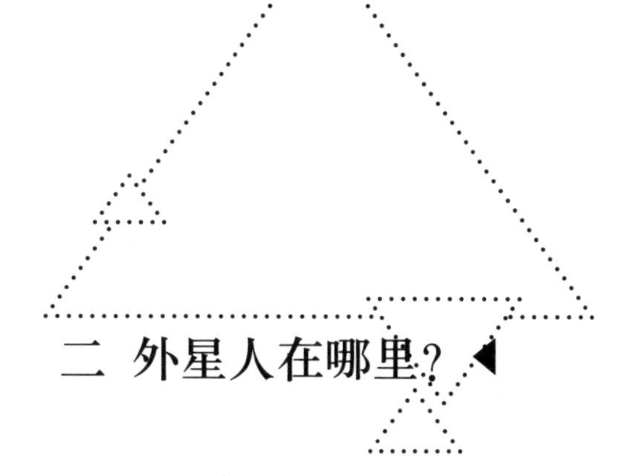

二 外星人在哪里？

可是，外星人到底在哪里呢？在上部中，我们把人类寻找外星人的160年历史梳理了一遍，我们不得不遗憾地承认：虽然我们已经可以感受到“他们”的存在，但是仍然没有找到“他们”存在的证据。无论是在遥远深邃的星空中，还是在脚下的大地上，我们都没有找到能证明外星人存在的蛛丝马迹。

但是对于很多普通人来说，会认为外星人存在的证据早已经出现在各种UFO的目击报告中了，只是因为各种各样的原因被政府隐瞒了真相。那么，UFO真的是外星人存在的证据吗？很多人把UFO理解为“外星飞船”，台湾人把UFO翻译成“幽浮”（听起来瘆人，像是鬼来了），当然简单来讲也可以叫它飞碟。实际上，UFO是“Unidentified Flying Object”的简称，翻译过来就是“不明飞行物”。啥叫不明飞行物，一个从来没见过飞机的人看到飞机，这架飞机对他而言就是不明飞行物。因此每个人都见过自己的UFO，谁还能没见过一些自己不认识的会飞的东西呢？所以，在严肃科学的领域，UFO和地外文明搜寻是两个研究领域。当然，这两个领域会有一些交叉，但总体说来，真正的搜寻地外文明的严肃科学家是不怎么关心、也不研究UFO事件的。而研究UFO现象的往往以民间团体为主。说老实话，这玩意确实比枯燥的天文观测要刺激得多，全世界可能有成千上万个专门研究UFO的团体，各种专门的UFO研究期刊也是多如牛毛。但你仔细了解一下，就会发现主办这些UFO期刊的往往是商业机构，而不是正规的学术机构。

绝大多数UFO事件都可以用人类制造的飞行器或者自然现象来解释，人造飞行器中最容易被误解的就是高空热气球了，因为看起来最像“飞碟”，其次就是各种各样的飞机或者飞机的尾迹。很多时候一个人很兴奋地拍到了一张UFO的照片，而研究UFO现象的专业人士拿来一看，马上就能认出那到底是什么东西。我们普通人毕竟见过的东西少，在现在这样一个科技发达的时代，多得是我们没见过的人类飞行器。在自然现象中，各种天体是UFO目击事件的主角，比如行星、流星、彗星。金星是被误会最多的一颗星星，因为这颗星星往往在黎明的时候还能看见，又大又亮。很多人以为只有晚上才能看见星星，当某个从来不早起的家伙突然机缘巧合地看到金星，尤其是有时金星在大气折射下被放大的时候，就会吓一跳，以为自己看到飞碟了。过了一会儿，天大亮了，金星自然也就看不见了，于是在他眼里，UFO神秘地消失了。

但是，为什么这么多年来，还是不断有人研究UFO呢？就是因为号称遭遇离奇景象的目击者多不胜数。在一本1980年出版的名为《罗斯威尔事件》的书中，作者比尔·摩尔采访了超过70名目击者，他们都自称是这起事件的亲历者。

比尔·摩尔采访的人物中，最有分量的应该就是最先对这起事件进行调查的军方人士少校马希尔。在UFO爱好者心里，马希尔的每句话每个词都是金科玉律。他后来宣称：碎片确实来源于飞碟，而上级雷米的“气象气球”的解释纯粹是在遮掩真相。他还表示，他能做出这一判断，和自己拥有物理学的学士学位有关。随着UFO的概念被越炒越热，站出来打假的人也多了起来，《无神论者期刊》的撰稿人、科学探究宇宙秘密的倡导者卡尔·科夫（Kal K. Korff）就表示，马希尔喜欢夸大其词，恨不得把自己写进历史教科书里。在罗斯威尔事件发生后不久，当地的指挥官在军事档案中评价马希尔的表现时，就指出了此人喜欢夸张的性格特点。请注意，军事档案是非常严肃的文件。马希尔本人的各种采访都印证了上级对他的这一评价。他说自己驾驶着飞机把残骸运回了空军基地，可他从来不是飞行员，之前并不会驾驶飞机。更夸张的是，他还不止一次提及，在这次驾驶途中，他设法击落了5架敌军飞机。也不知道在美国的领空哪来的这么多敌机，而且别人都没发现，就他发现了。如果这次飞行真的存在，肯定会出现在他的军事档案中。结果呢？档案里只有对他行为处事爱夸张的负面评价。出席新闻发布会的那位雷米准将还在他的军事档案里特别留了一笔，正是因为马希尔不会驾驶飞机，所以在空军的发展前景很有限。不知道是不是因为怀恨在心，马希尔指控雷米是在替政府擦屁股，掩盖真相，糊弄群众。至于马希尔说自己拥有的物理学学士学位，也被打假了。马希尔在不同采访中提及的大学都不同，但无论哪所大学，都没有他的入学记录，也没有他获得学位的记录。虽然他面对UFO粉丝时胡话张口就来，对军方却不敢。在自己签名确认的军事档案中，当被问到是否有学士学位时，他回答“没有”，这个答案应该是诚实的。

1947年的罗斯威尔事件之后，由于越来越多的人报告自己看见了UFO，加之各种风言风语，美国空军开始了一项计划，调查总计超过12000件的UFO事件。1952年，这项计划被正式命名为“蓝皮书计划”。随着报告数量上升，美国军方有了新的担心，他们觉得是敌对国家在捣鬼，有意大量炮制UFO的报告，扰乱美国军方的情报工作，再乘机偷袭。

1953年1月，中情局请了5名著名科学家到华盛顿商讨对策。这5名科学家研究了UFO的报告后，认为UFO本身对国家安全不构成威胁，但是美国社会对这些现象的持续关注却可能成为一种威胁。他们建议，军方对UFO的研究重点不应该是收集和分析有关报告，而是消除公众对UFO的疑虑，对公众进行教育。但是美国军方并不觉得有对教育公众的必要。感兴趣的话，可以在维基百科的Robertson Panel词条中找到此事的经过。

进入20世纪60年代后，随着美国航天技术的突飞猛进，宇航员多次飞上太空，阿波罗登月计划大张旗鼓地进行，美国公众对太空的兴趣日益浓厚。许多人认为有必要认真对待UFO是外星人驾驶的飞船这种假设，美国空军的冷淡态度遭到了越来越多的批评。1966年3月，在密歇根州发生了“沼泽气事件”，包括一些警察在内的100多人报告在大学城安阿伯附近的一个沼泽地的上空看到了UFO。UFO现象持续了两个晚上，其中一晚，希尔斯代尔学院的87名女学生都报告说，她们通过宿舍的窗口看到沼泽地上空有一个闪亮的球体持续飞行了大约4小时。目击者中还包括学院院长。这一消息成了全美的头版新闻。但最后，蓝皮书计划的一名科学顾问根据密歇根大学的科学家们的意见，将此现象解释为沼泽气体自燃。

这个解释让许多密歇根人觉得受到了侮辱。一名来自密歇根州的国会议员趁机要求国会对UFO展开全面调查。没过多久，众议院军事服务委员会为UFO开了听证会，召集了空军部长、蓝皮书计划的主任以及蓝皮书计划的科学顾问作证。空军部长哈罗德·布朗（Harold Brown）作证说，自从1947年以来，空军聘请了科学家、工程师、技术人员和顾问对超过12000起UFO报告做了调查，并得出了结论：可以确定，大部分的事件中，人们看见的其实是恒星、云层或反射太阳光或月亮光的常规间谍飞机。最后还有701件UFO事件因为信息不足而无法判断。他的结论是，在过去18年对UFO的调查中，并未发现它对国家安全有任何威胁，也没有证据表明UFO代表着现有科学知识无法解释的新事物或原理，UFO属于地外航行器的说法更是无从谈起。

听证会后不久，美国空军宣布他们将资助某个大学独立研究UFO现象。最后，科罗拉多大学宣布接受这个项目，项目主任是物理学家爱德华·坎顿。1969年，科罗拉多大学出版了《不明飞行物的科学研究的最后报告》，这个报告也被称为“坎顿报告”，有36名多个领域的专家参与写作，长达1465页，从视觉生理学、光学、天文学、气象学、心理学、工程学等角度对UFO目击证词中的描述、相关照片和雷达记录做了充分的分析，实地调查，采访了目击者。坎顿报告是一份来自科学共同体的权威报告，也是到目前为止有关UFO现象最值得信任的报告。

首先，坎顿报告告诉我们，UFO并不神秘，它和主流科学界的看法是一致的，除了捏造的报告外，在有充足的信息时，UFO都有合理的自然解释，比如有的属于天文现象，如大行星、流星、彗星等，有的属于气象现象，如碟状的云彩、球状闪电、云层折射产生的光学假象等，有的属于人类飞行器，如气象气球、飞机、人造卫星等，还有的是其他自然现象，如鸟群、灯光等。报告的结论是：“对所获资料进行仔细分析之后，我们的结论是，对UFO做更广泛的进一步研究，很可能不会满足‘科学会因此获得进步’的期望。UFO现象不会是一个探索重大科学发现的有成果的领域。”

坎顿报告明确批评了一种常见的行为，那就是通过探索UFO来培养青少年的科学兴趣。这种做法不仅在当时的美国有，在现在的中国也很普遍。报告里是这么说的："有一个需要公众注意的问题是，我们的学校里有这样的情况发生：许多孩子被允许、甚至是被鼓励把用来学习科学知识的时间用在了阅读UFO的书籍和杂志上。我们感到孩子们被误导了，他们会把不切实的错误信息当成有确切科学依据的内容，这对他们的教育是有害的。学习UFO有害处，不仅因为很多材料错误百出，还因为它阻碍了孩子们科学精神的养成，而科学精神的培养是每个美国人所必需的。所以强烈建议教师们不再鼓励学生阅读现有的UFO书刊来完成学校作业。如果老师遇上了对探索UFO痴迷的学生，也应该引导学生研究严肃的天文学和气象学，并引导他们批判性地分析那些由错误推理或虚假数据堆砌出的天马行空的主张。"

这就是坎顿报告的主张。美国科学院在审查后表明了自己的立场：支持坎顿报告。坎顿报告获得了科学界的普遍赞扬，并被认为是对UFO现象所做的最充分的科学研究。其实，坎顿报告并没有否认地外文明的存在（科学家一般喜欢把外星人叫地外文明，因为外星智慧生物不一定长得像人类）。坎顿报告中提到，科学界普遍认为，地外文明是存在的，但如果太阳系不存在其他文明，那么地外文明访问地球的可能性极低。在这一系列分析后，报告中说："我们认为，可以可靠地假定，在未来的一万年间，太阳系之外的地外文明没有可能访问地球。"

同样是在1969年，卡尔·萨根组织了一次美国科学促进会的UFO现象研讨会。在会上，萨根猛烈抨击了把UFO当成外星人飞行器的说法。他用了一系列假设和数字推理，估算银河系存在一百万个有能力做星际旅行的高级文明。如果其中任何一个想定期访问所有其他文明，比如一年一次，那么每年就要发射一万个太空飞行器，就会用掉银河系中所有恒星产生的能量的百分之一，这并不合理。但如果仅仅把地球选出来做定期访问，这又与银河系中存在许多高级文明、地球文明并不突出的假设相矛盾。如果存在许多文明，那么我们的文明一定是非常普通的；如果我们的文明并不普通，而是很突出，那也就是说，有能力到达地球的外星文明非常稀少。这个推理被称为萨根悖论。它确立了一个科学思想：地外文明是存在的，但是UFO与它们没有任何关系，我们应该通过其他途径寻找地外文明。

1969年12月17日，美国空军根据坎顿报告、美国科学院的审查以及以前的研究，宣布终止蓝皮书计划。给出的理由是："不论出于国家安全还是科学兴趣，都没有理由继续进行蓝皮书计划。"

但是，人们总是喜欢阴谋论，觉得政府是在掩盖一些事情的真相，各种阴谋论的观点还不时出现在大众媒体上。

到了1993年，迫于各方压力，美国空军又开始对"罗斯威尔事件"展开调查。1994年9月8日，美国空军负责内政安全和特别项目监理部长理查·韦伯以个人名义发表了题为《空军有关罗斯威尔事件的调查报告》。之所以以个人名义发表，可能与空军本身也是调查对象有关，大多数美国人都认为美国空军有掩盖真相之嫌。报告称："在本次调查中，没有发现能表明1947年发生在罗斯威尔地区的事件和任何一种地外文明有关的任何证据。"令人意想不到的是，这份报告虽然推翻了"外星人飞碟"的说法，却首次透露了罗斯威尔事件与当时一项被视为高度机密的"莫古尔"侦察计划的联系。

"莫古尔"计划是美国在1947年6、7月进行的一项绝密军事试验，通过放飞一些携带着雷达反射板和声音感应器的气球（也被称为"间谍飞机"），去探测苏联核试验所产生的冲击波，以监视当时苏联的核爆试验。

被人沸沸扬扬争论了近50年的"罗斯威尔飞碟事件"揭开了神秘的面纱。虽然，气球并不是军方最初宣称的"气象气球"，但事情远没有夸张到比科幻片还科幻的地步。

尽管如此，围绕UFO的大新闻不会就此停止。2017年12月16日，正当大多数人准备迎接新年的时候，UFO爱好者的圈子里炸开了一条重磅新闻。和以往报道中一闪而逝模模糊糊的飞行器不同，这条新闻是有关美国国防部的，由大名鼎鼎的《纽约时报》率先报道，之后被口碑一向不错的美国国家公共电台NPR转载。根据报道，在每年6亿美元的国防部预算中，有2200万是保密的，现在秘密揭晓了，这笔预算被用于一个叫"航空航天威胁先进识别计划"的项目。这个项目正是从2007年开始的，它负责调查各种关于不明飞行物，也就是UFO的报告。这句话很重要，每年有2200万美元，相当于

1.4亿人民币，被用来研究UFO。在美国，纳税人的每一分钱都要花得谨慎负责，所以这条消息可以说是一石激起千层浪。为了说明消息的可靠性，纽约时报在报道时还特意说了他们的消息来源有三个渠道，包括国防部官员、项目参与者和纽约时报自己的线人。在美国，著名的报业巨头仍然是各种真相最有力的揭露者，每一家都有自己的线人，美国历史上最著名的线人就是“深喉”，他的线报最后导致尼克松总统下台。其实，国防部自己也知道，每年花2200万研究UFO，这听上去实在有点儿太奢侈了。所以呢，他们之前就有两种对外的统一口径：一种是，对不起，这个项目并不存在，是谣言；还有一种说法是，这个项目存在过，但2012年就停止了。但是媒体深挖了内幕后发现，项目在2012年只是在官方层面停止了，部分员工还在继续工作。现在关于这个项目的确切消息是，它是由一位叫作路易斯·艾利佐多（Luis Elizondo）的军事情报官员领导的，工作地点在五角大楼的C环。

该计划最早是由一位名叫哈里·瑞德的参议员提出的，他本人就是一位宇宙探秘爱好者。据《纽约时报》爆料，预算的大部分钱进了“自己人”的口袋，那是一家由参议员的老朋友经营的航空航天研究公司。这家公司目前还在与NASA合作，开发可扩展的载人宇宙飞船。我想，如果此事件持续引发关注，国会或许会对这个项目展开调查。毕竟，耗费了整整十年，两亿美元，并没有看到任何可靠的研究成果。

我们再看来一起近十年里最有名的UFO探秘事件，下面这个事件可以让我们对UFO研究有一个更加客观清醒的认识。该事件也是刊登在美国《无神论者期刊》上的，可信度很高，而且提到的时间、地点、人物也都有据可查，任何人都可以去核实。

那是在2014年11月11日的下午1点52分，一架智利海军直升机正沿着圣地亚哥机场西南80英里处的海岸飞行。他们此行的目的是测试新的红外相机。那天的南美洲正值晚春，天气晴朗，清澈的蓝天和低矮的云层覆盖着附近的山脉。直升机的机组人员发现远处有白色物体正向北飞行。他们无法识别该物体，所以用新相机来观察并试着拍摄跟踪视频。在红外影像中，该物体看起来像两个连接着的球体。但在普通镜头中，它是模糊的白色形状。在某一时刻，该物体似乎释放出了一些奇怪的物质，这些物质看起来像是和物体本身一样热。他们继续追踪，但它移动得太快了，最终跟丢了，只能返回基地。

由于无法鉴别这个飞行物体，这段视频最后被交给了异常航空现象研究委员会（CEFAA），智利官方的UFO调查组织。为了搞清楚这团白色物体是什么，异常航空现象研究委员会请来了各行各业的专家，包括天文学家、地理学家、核化学家、物理学家、心理学家、航天医学家、空中交通管制学家、气象学家、军事将领、航天研究员、飞行检查员、航空工程师和图像分析师。这一长串的名单确实令人印象深刻。气象学家给出的解释和罗斯威尔事件的官方推断相似，认为这可能是一枚探空气球，但这个说法被其他专家推翻了。天体物理学家无法推断这个物体是什么，但他经过检查，确定不可能是太空垃圾。一名海军上将表示该地区当时没有海军演练或秘密飞行。异常航空现象研究委员会的官员则确认这不是一架无人机。空军照片分析表明该物体也不会是鸟类。数不清的专家排除了无数可能。最后，异常航空现象研究委员会投降了。两年后，他们发表了一则声明，宣布这是一个真正无法解释的现象。他们通过《赫芬顿邮报》的作家莱斯利·肯恩公布了视频。肯恩随后就此事件写了一篇文章并在2017年1月5日发表。文章和视频犹如病毒传播，在Youtube上的点击率很快突破了200多万，引发了一阵狂热。终于有一个"真正的"UFO视频了，军方判定它是未知的，无数的专家和数年的研究都证明它是神秘的不可知的，这就是真正的UFO啊！否则这一长串专家怎么会鉴定不出呢？他们甚至都没能给出一个合理的解释！

然而，UFO爱好者的狂喜只维持了5天。1月6日，一位名叫斯考特·布兰多的UFO爱好者在推特上给科学作家米克·维斯特发了一个链接，向他求证一种可能性：这会不会是一架飞机和它的航迹云？米克看到视频，立刻想起了他在家经常可以看到的一种航迹云，那种云和视频中的很像。米克住的地方在旧金山以东，从那附近起飞的飞机在越过塞拉山脉时经常能飞到7500米的高度。在那个高度，一阵阵航空动力引起的航迹云随处可见。于是，米克在自己创办的网站论坛上写了第一篇关于此话题的文章。他是这么说的："我就开门见山吧，它是一架飞机，正飞离摄像机，比直升机要高得多，在4500至7500米的高度之间形成了短暂的航迹云。那两个发光点来自飞机发动机的热度。”第二天，另一位热心网友“开拓者”发文说，他找到了那天那个地区的广播式自动监视（Automatic Dependent Surveillance-Broadcast，缩写为ADS-B）数据。ADS-B是一种较新的系统，飞行器使用GPS定位自己，并向当地的ADS-B接收器报告自己的位置、高度、航向等。相关接收器则通过互联网共享这些信息。经过整理后，这些信息通过planefinder.net这样的网站向公众免费开放。数据会被存档，你可以看到几年前飞机在任何时间的定位。

很快，热心的网友就发现只有两架飞机可能出现在视频中，一架是局域网航空公司的双引擎飞机LA330，另一架是西班牙国家航空公司的四引擎飞机IB6830。讨论持续了几天，吸引了各路人物。一名飞行员拥有从圣地亚哥起飞的经验，他解释了为什么当时的飞机看起来像是要着陆，但突然又不下降了，因为飞机仍然在空中交通管制的频率而不是普通交通的频率上。一位摄像机专家解释了不同的视野以及航向指示器为何没有被校准。米克和论坛网友也努力回答其他人提出的问题。到了1月11日，在对该物体的移动进行了详细的逐帧分析之后，米克充满信心地下了结论：该物体是从圣地亚哥机场起飞的航班IB6830，爬升时留下了两段航空动力引起的航迹云。就这样，这个事件被解决了。

专家两年内没搞清的问题，一群热心网友5天就搞定了。米克认为这没有什么好奇怪的，他说：“专家小组存在的一个根本问题，就是面对未知事件，他们不可能是未知领域的专家。我恰好有一些非常小众的知识和经验来解决这起特定类型的事件。他们本该请一个像我这样的专家加入小组。可是，我想说明的是，你不可能把所有有可能需要的人都请入专家小组。任何专家小组都会受限于特定的知识领域，这样做的结果就是让不明飞行物从各领域之间的缝隙里溜出去，变成未知事件。”

引起全网轰动的这起著名的UFO事件就这样解决了，米克他们做了大量的解释工作，UFO的爱好者们也都接受了他们的解释。但是，假如没有斯考特发给米克的那条推测呢？这或许又成了一个世界未解之谜。最后我想说的是，这类引得专家一拥而上、被认定“无从解决”的事其实并不少见。我们在遇到类似的事件时，第一个想到的应该就是，这种未知的不明事件一般都是可以得到科学解释的。科学精神中很重要的一条就是，坚持非同寻常的主张需要非同寻常的证据。我想告诉你的是，即使铺天盖地的信息里有很多UFO的传说，到目前为止，我没有发现任何能证明UFO与外星人有关的有力证据，它的存在本身或许只是时间催化的谣言传播机。

事实上，在所有的UFO目击事件中，几乎看不到由天文学家提交的目击报告。难道外星人都故意躲着他们吗？可以说，只要做一些深入的分析和调查，至少99.9%的UFO目击报告都是能被解释的。但我们也不得不承认，这里面仍然有少数UFO事件暂时无法解释，或者说超出了人类现在所掌握的知识范畴。那么，这些无法解释的UFO事件就一定是外星人所为吗？

我承认这个世界仍然有许多科学尚不能解释的自然现象，但现在不能解释，不代表将来也不能解释。比如“球状闪电”这个广为人知的神秘现象，同样也是最多的被误认为UFO的自然现象之一。用人类现在掌握的科学知识解释球状闪电就非常勉强，但这肯定只是暂时的，随着科学的发展，总能把球状闪电解释清楚。严肃科学领域一般都不认为UFO现象与外星文明有关，主要基于以下几个观点：

第一，按照正常的逻辑思维，外星人如果要造访地球，那么在造访之前，总要先跟地球上的文明取得联系吧。你想象一下，如果人类在某个太阳系的邻近星系中发现了文明活动的痕迹，那么我们在派出考察飞船之前，肯定会先试图用无线电呼叫他们，看看他们的文明程度发展到了什么地步，至少要先对那个文明的基本情况有个了解。然后还得问问人家是否欢迎我们去造访，或者问问需要我们带些什么礼物过去。而且，文明与文明之间的距离一定是非常遥远的，飞行时间超过几百年已经是最最乐观的估计了。也就是说，从外星人发现地球文明到他们飞过来，这中间至少有几百年的时间。在这几百年的时间里，难道他们就对我们不好奇吗？他们明明可以用其他方式来与我们沟通从而了解我们。哪怕真是怀着恶意，也不妨先假装善意与我们沟通，就算要打仗，知己知彼也是必要的。为什么很多人宁愿相信外星人会两眼一抹黑，先不管不顾地偷偷飞来了再说，而不愿意相信外星人也有着跟地球人差不多的逻辑思维，会先与我们取得联系呢？

第二，如果政府真的发现了外星人确实存在的铁证，为什么要对公众隐瞒呢？很多人坚信外星人早就跟地球人联络了，但都被美国政府隐瞒下来，不肯公之于众。我不知道为什么这些人都宁愿相信阴谋论，而不以最普通的逻辑考虑问题。丹·布朗写过一本惊险小说，叫作《骗局》，特别好看，有兴趣的读者不妨一读。里面就讲到了NASA为了让美国的纳税人继续支持航天事业，不惜设计了一场惊天大骗局，那就是宣布NASA终于找到了外星文明存在的证据：在南极的永久冰层中发现了一颗陨石，这颗陨石中充满了古生物化石。NASA说，如果没有美国人民支持我们研制的地球遥感卫星，就不可能在南极几千米深的冰层中发现这颗陨石。这消息一被公布，包括美国总统在内的全世界人民都沸腾了，美国更是掀起了一股巨大的航天热潮，NASA获得无数赞誉，美国人民个个愿意捐钱给NASA继续大力发展太空事业。你看，别说是发现外星智慧文明了，就算是发现了一点外星生物存在的证据，都能获得如此巨大的收益。这不论对于个人还是政府机构，都是一个无法抗拒的诱惑，我实在想不出任何个人或者单位有动机隐瞒外星文明存在的证据。按照正常逻辑，如果外星人试图与地球联络，那么第一个截获信号的很可能是美国，因为美国拥有世界上综合实力最强的天文观测设备，而美国截获信号就等于NASA截获信号。NASA是一个靠全体美国纳税人供养的独立科研机构，不归军方管，也不是军事部门。如果NASA的哪个科学家率先截获了外星人的信号，肯定高兴得疯掉了，一定第一时间向全世界宣布，没有人可以阻止他争取自己的名利，因为哪怕晚一秒钟也有可能被别人抢了先机，当第二就没有任何意义了。

第三，飞碟的造型用物理原理解释不通。我们看到的几乎所有UFO事件中的主角都是一个圆盘或草帽状的飞行器，很多目击报告都说这种飞碟飞得特别快、特别灵活。但是，这种造型根本就不适合在地球的大气中飞行，完全不符合空气动力学。早就有科学家试图研制碟状的飞行器，最早可以追溯到纳粹德国的科学家。但无论理论还是实践都确定无疑地告诉人们，在地球的大气中想要获得最佳的空气动力性能以及灵活的机动性，必然是有翼结构为最佳，通俗地讲就是需要翅膀，只有翅膀才最适合在地球的大气中飞行。可能有人要反驳说那是因为地球人的科技太烂，我们坐井观天，不知道天外有天，人外有人，人家外星人的科技比我们领先多了，凭啥我们得出的结论就是对的，说不定在外星人眼里，这些结论非常无知可笑。这种观点乍一听似乎很有道理，其实是错误的。诚然，人类对自然规律的理解总是在一代代更新，伽利略否定了亚里士多德，牛顿否定了伽利略，爱因斯坦又否定了牛顿。但如果你认为每一次的否定都是等同的，每一个被否定的错误都是可以画等号，那么你犯下的错误就比亚里士多德、伽利略、牛顿所犯下的错误总和还要多。自然规律是用数学语言描述的，每一次理论的升华都是在小数点后面做修正，而不是彻底的否定。最早的古人认为地球是平的；后来发现不对，原来地球是个球体；而后发现原来是个赤道鼓出来的球体；再后来又发现原来地球更接近梨形。就这样，随着观测手段的不断进步，人类不停地在小数点后面修正之前的认识。但你千万不要认为，到了下个世纪地球会变成一个立方体，再过一个世纪地球又变成一个六面体了。牛顿力学可以用来计算和预测水星的轨道，预报水星凌日的时间可以精确到秒。但是随着观测精度提高，人们发现牛顿力学计算的水星轨道和实际的有微小偏差，这个偏差100多年才积累了17角秒（1角秒=1/3600度）。直到爱因斯坦的广义相对论发明后，才修正了牛顿力学，使得在人类现有的观测精度下，理论值和观测值完美吻合。在日常表达中，你当然可以说牛顿力学错了，证据就是爱因斯坦的广义相对论，但是你可不能因为简单的一个“错”字就把牛顿的错误和古人认为天圆地方的错误等同起来。将来可能会有一天，我们发现爱因斯坦的广义相对论也是“错”的，但是这个错误和牛顿的错误也不可以画上等号。新理论必然是在比现在微小得多的尺度上对广义相对论的修正，这个宇宙不可能今天观测到是这样，明天换了个理论就完全不同了。人类现在掌握的空气动力学知识确实有可能是“错”的，但你一定要好好地理解这种“错”的含义。从数学角度来说，新理论一定是对旧理论在更高精度上的修正，绝不会因为来了一个外星人，空气的基本特性就被改变了，我们已经掌握的物理知识就被彻底否定了。可能你还会想，飞碟主要是为了在太空中飞行，所以外形不是为大气飞行而设计的。但你别忘了，我们前面讨论过，在地球大气中发现的UFO几乎都是草帽型的，它们既然能在大气中飞行，设计时就必须考虑空气动力学。而且，如果你觉得UFO飞过太空飞进大气，都保持同一种形状，就更应该发现所有的飞碟都是草帽型的这个说法太不合常理。因为太空飞行不用考虑形状问题，所以飞碟更应该是五花八门的，不应该总是一个形状。

看到这里，如果你也不由自主地感叹了一声："是啊，外星人到底在哪里呢？"那么恭喜你，你的这一声感叹有一个专有名词，它就是在地外文明搜寻圈子中赫赫有名的"费米悖论"。美国有一个大科学家叫作费米（Enrico Fermi，1901年~1954年），有一次他在某个讨论会上感慨了一句："可是，外星人到底在哪里呢？"这一声感慨居然被载入了史册，而且有了一个专有名词，叫作"费米悖论"。凭啥费米的一声感慨就成了一个专有名词，而我们这些普通人从小大到一直感慨同样的问题，却永远只能是我们自己的感慨呢？这里面当然是有原因的。"外星人在哪里？"这个朴素的问题背后藏着许多你从未想过的精彩立论。

三 费米悖论

（本节带有部分演绎成分，请读者不必考古。）

1950年的某一天，美国，洛斯阿拉莫斯国家实验室。

费米、泰勒、约克、康佩斯基四个当时世界上知名的科学家一起去吃午饭，四个人在路上边走边聊。

费米："泰勒，昨天报纸上又在报道UFO的新闻了，你看了吗？"

泰勒："看了，三年前的罗斯威尔事件的热潮显然还没有消退。记者们为了吸引读者，凡是跟外星人沾点边的新闻就会拿出来热炒。不管你们信不信，反正我是不信。"

费米："这次的报道实在太离谱了，那个农夫说自己被外星人抓走，在飞碟上过了一夜。"

约克："好在他没说在飞碟上有了艳遇，否则这则新闻的轰动效应更大。"

康佩斯基："现在的报纸，永远只会说故事，从来给不出任何证据。"

费米："现在这年头，凡是说不清的事情全都往外星人头上栽赃。"

泰勒："可不是嘛，你看阿兰·邓的那个讽刺漫画，市内的垃圾桶找不到了，也成了外星人掠夺地球资源的证据。"

四人来到餐厅，一边吃一边继续聊。

约克："虽然到目前还没有出现一条让我信服的证据可以证明外星人存在，可是我仍然相信他们是存在的，毕竟宇宙这么大。"

泰勒："我也同意。我的理由是平庸原理，既然我们的太阳在宇宙中是一颗平庸的恒星，那么我们的地球也是平庸的，我们人类就更是平庸的了。浩瀚的宇宙中一定不会只有我们人类这一种智慧文明存在，只是他们有没有来过地球，这件事还得靠证据说话。”

费米：“银河系有1000多亿颗恒星，哪怕只有万分之一的概率出现地球这样的行星，也有1000万个‘地球’了。再有万分之一的概率进化出智慧文明，那也至少应该有1000个像地球一样的文明了。”

康佩斯基：“光是在银河系中，文明的数量就肯定不少。只是银河系实在太大，文明之间想要互相接触恐怕不容易。”

费米：“让我来估算一下这种文明间接触的可能性到底有多大，我感觉可能未必有这么难。首先我假设文明为了克服资源匮乏的问题，必须向外太空扩张，那么向别的恒星系发射探测器就是必然之选。因为银河系空间巨大，所以扩张的关键是探测器的飞行速度。”

泰勒：“爱因斯坦的相对论认为任何物体的运动速度都无法超过光速。”

费米：“相对论是伟大的，我没有异议，光速应该是星际飞行速度的上限。我们人类现在掌握的技术仅能达到光速的万分之一，在我可以预见的将来，我大胆预测，飞行速度达到百分之一光速是完全有可能的。”

约克：“按照人类目前的技术进步速度估算，我觉得达到光速的百分之一最多只要几百年的时间，可能会更短。技术进步的时间和漫长的星际旅行的时间比起来，确实不算什么。我同意费米的观点：扩张的速度关键在于飞行速度，文明的进化时间可以忽略不计了。”

费米：“银河系的尺度是10万光年，如果按照百分之一的光速计算，1000万年可以从银河系这头飞到那头了；即便按照千分之一光速的保守速度计算，1亿年也能横穿整个银河系了。1000万年也好，1亿年也好，相对于地球存在的时间来说，都不算太长，毕竟我们的地球已经存在了45亿年之久。”

泰勒：“你想表达什么？”

费米：“我想说的是，对于已经存在了45亿年之久的地球来说，被银河系的其他智慧文明发现应该是很正常的事，银河系中存在如此众多的智慧文明，任何一个文明只要比我们早进化个1000万年，就应该到访过地球，至少他们的探测器应该到访过地球。”

约克：“有道理，如果再考虑冯·诺依曼机器人的可能性，从理论上来说，智慧文明发展出冯·诺依曼机器人是完全合乎逻辑的事情。假设不止一个文明能进化到这种程度，我们的地球上早就应该布满了这种机器才对。”

费米：“可是，他们到底在哪里呢？”

泰勒：“这么说来，你应该相信三年前的罗斯威尔事件和最近的UFO报道啊。”

费米：“不，虽然我愿意相信这些都是真的。但是我们搞科学的，首先应该相信的是证据。迄今为止没有任何证明外星来物的有说服力的证据。更重要的是，在我看来，银河系中的智慧文明利用无线电波互相联系应该是更加普遍的行为，毕竟无线电波的速度可以达到光速。如果以光速为通信速度来衡量的话，那么银河系就不算大了，再相对地球45亿年的历史来说，早就应该有无数智慧文明发射的无线电信号到达了地球才对。然而我们收到了吗？没有！迄今为止我们没有收到任何来自太空的带有智慧文明特征的无线电信号。”

费米讲到这里，站了起来，深沉地看了另外三个同事一眼，说：“这真的说不通，外星人到底在哪里呢？银河系的尺度、拥有的恒星数量、地球的存在时间……不论怎么想，这些与我们找不到任何外星人存在的证据都是矛盾的。”

上面的对话是根据当事者的回忆再加上笔者的部分演绎而得来的，这就是“费米悖论”的原始出处。后来又有很多科学家在这个最初想法的基础上进一步完善了这个悖论，并且引发了持续很久的一场关于外星文明是否存在的大辩论。在20世纪80年代，这场辩论达到了高潮。最激进的一种观点认为假如能自我复制的冯·诺依曼机器人是文明发展的必然结果，那么相对银河系的寿命来说，这种机器人可以在很短的时间内将整个银河系殖民化。这样的殖民化进程与当初把机器释放出去的文明自身无关，不管那个文明毁灭也好，继续发展也好，一旦第一台冯·诺依曼机器发射出去，那么银河系的殖民化进程就不可遏制了。但我们现在并没有在太阳系内发现这种机器人，这件事情甚至比没有收到外星人的无线电波信号更加让人感到困惑。

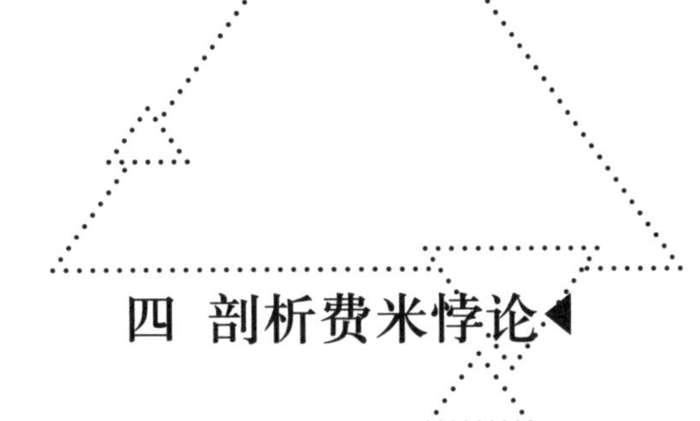

四 剖析费米悖论

我们来理一下费米悖论的逻辑关系，看看费米悖论到底带给我们一些什么样的思考和知识。你已经从前文中了解到，费米悖论的核心思想是“人类没发现外星人的踪迹（简称观点甲）”和“人类应该发现外星人的踪迹（简称观点乙）”相矛盾。目前我们已经知道观点甲是事实，这样一来，就必须要给观点乙一个合理的解释，而观点乙是建立在逻辑关系层层递进的下面四项假定的基础上的：

A 假定：

人类文明不是银河系中唯一的智慧文明。

B 假定：

人类文明在宇宙中只是个平庸的文明，并且不是第一个在银河系中出现的文明，在人类文明诞生以前的100多亿年中，银河系已经诞生了智慧文明。人类文明也不是唯一试图与外星文明建立联系的文明，更不是唯一把目光投向宇宙、发展太空技术的文明。

C 假定：

对于比我们更先进的文明而言，星际旅行并不是什么难以企及的技术。这些智慧文明正在执行太空扩张和殖民计划，他们还有可能采用会自我复制的机器人来实施星际殖民计划。

D 假定：

即便以我们人类现在能展望的技术来推算，银河系的殖民化也能在不到10亿年内完成，而这段时间无论相对于地球的年龄还是相对于银河系的年龄，都不算长。

以上这四项假定层层推进。如果说这四个假定都是对的，就能确定无疑地推论出“外星人应当出现在地球”这个观点。然而基于事实，目前我们唯一的理性分析是必须否定其中的一项或者多项假定。

我们不妨一项项分析一下，也请读者跟我来一起思考。

否定A假定

否定A假定显然是能最痛快地解决费米悖论的快刀，可谓一了百了，但要让读了本章第一节的读者轻易否定A假定，恐怕非常困难。在这样一个浩瀚的银河系中，在银河系100多亿年的历史中，如果人类文明真的是唯一的智慧文明，这个宇宙也未免太乏味了。从科学的角度来说，要否定A假定就意味着我们一定还忽略了某些极其特殊的创造智慧文明的必要条件，而这个必要条件发生的概率要小到令人不可思议才行。

但是，从已经观测到的天文证据来看，并没发现地球具备什么绝对独一无二的条件。我们在上部最后一节罗列了很多证据，说明仅仅在银河系中，处在宜居带中的类地行星也一定非常多。总之，否定A假定实在与我们的理性思考非常矛盾，这恐怕也是绝大多数科学家都不会否定的假定。

否定B假定

下面我们把矛头指向B假定，如果B假定不成立，也就意味着有这么两种可能性：一，人类文明就是银河系中文明程度最高的文明了；二，出于某种原因，所有的智慧文明在发展到可以进行星际旅行之前一定会灭亡。

人类文明难道真的是这个银河系中最先进的技术文明吗？这个命题似乎很难证真，也同样难以证伪，况且关于这个命题我们已有的经验和证据都少得可怜，但还是可以对这少得可怜的已知事实中做一番分析的。我们对外星文明一无所知，所以只能从分析人类文明入手。我们通过已有的确凿证据知道地球已经存在了46亿年，生命大概是在地球的第10亿年左右诞生的，到现在已经进化了36亿年。那么地球生命还将存在多少年呢？从现有的宇宙学知识来讲，地球上的生命确定会消亡的时间就是太阳即将熄灭的时候。太阳大概在50亿年以后会成为一颗红巨星，到那时，太阳将膨胀到吞没地球，地球也会变成一颗被烤得通红的岩浆球。地球还有50亿年的时间适于生命生存（虽然这期间有可能发生小行星或者彗星撞地球的恶性事件，但这些事件都不至于完全摧毁地球生命）。也就是说，一颗类地行星的寿命其实大致等于它的宿主恒星的寿命。如果有外星文明存在，那颗允许文明发展的外星球的平均寿命也可以假定是100亿年左右。实际上，红矮星的寿命要比太阳长得多，而我们在红矮星周围同样发现了类地行星。好了，你可以看出，假如我们认为宇宙中的文明是一个可以活到100岁的人，那么地球文明今天才36岁，尚未步入中年。一个尚未步入中年的文明难道就可以成为银河系中最先进的技术文明吗？要我从理性上接受这样的结论似乎很难。

特别需要注意的是，文明的发展是加速度的，地球文明在30岁的时候，仍是生活在海洋中、长得跟螃蟹似的三叶虫，到33岁的时候才从海洋来到陆地，变成长得跟蜘蛛差不多的昆虫。到了35岁变成了恐龙这样的庞然大物，然后在35.8岁终于直立了起来，释放了双手，再到35.95岁的时候发明了文字。接下来几乎每隔几小时都会有飞跃，从发明火药到登陆月球只不过用了几分钟的时间。从人类文明的成长轨迹我们不难推测出，只要让人类文明长到36.00001岁（也就是现在的1000年后），人类的载人宇宙飞船或许就可以冲出太阳系了。连我这颗想象力还算丰富的脑袋都无法想象出如果人类长到37岁将会发生什么，而我们前面假定的平均寿命是100岁。

看来，只要智慧文明是在银河系中普遍存在的，那么人类文明无论如何都没有道理成为这中间最最牛的文明吧。

或许，人类文明真的离死期不远了。不光是人类文明，所有发展到跟人类文明差不多程度的文明都离死期不远了。有一道宇宙大筛子在不远的未来等待着我们，这就是否定B假定的假设二，也被称为“大过滤器假定”。你不能说这种假设完全没有道理。看看我们今天的地球文明吧，核弹的数量加起来可以毁灭地球文明10多次，环境恶化导致的沙漠化每年都在吞噬大片土地，淡水资源被大量污染……所有这一切，似乎都预示着人类文明正在面临灭绝的危险。虽然我不能直接证明这个观点是错的，因为毕竟谁也无法准确预测未来，但如果把人类看成一个整体物种，那么每个物种都有生存的本能，在面临物种灭绝的时候，生存的本能就会彰显出来。我们能意识到以上这些毁灭我们自身的事件，这种感知力本身就是生存本能的体现。因此，要让我相信人类作为一个整体会自杀的话，我从理智上无法接受。刘慈欣在《三体2》中提出过一种叫作“文明免疫力”的概念：当文明的机体受侵害到一定程度后，免疫系统就会起作用。例如当大规模的污染导致人口死亡一半的时候，人类会迅速觉醒。当人类的社会体制和经济体制出现了重大问题，导致全人类的生活水平严重下降时，这种“文明免疫力”也会起作用。人类社会从古至今都具备自我改良的特性。

想要否定B假定，不论从逻辑上、理智上还是感情上来说，都太难了。

否定C假定

推翻A、B两个假定不太容易，再来看看C假定。否定这个假定的关键，是文明与文明之间广袤的星际空间太大了，任何文明再怎么努力都无法克服这巨大的距离。这个理由是有说服力的，如果银河系中比地球文明更发达的外星文明数量在百万这个数量级，假设他们是平均分布在银河系中的，我们可以算出文明与文明之间的平均距离是数百光年。这个距离对我们来说，显然是绝对无法逾越的距离。以人类现有的技术水平，至少要数百万年才能到达最近的文明。哪怕只需要几千年，实施起来也有社会学上的障碍，一个文明愿意付出几十代人的代价去飞向一个未知的世界吗？即便能掌握冬眠技术，可以在整个飞行过程中保持冬眠来对抗漫漫长路，然而，这毕竟意味着这代探索者出发以后就彻底告别母星，与他们的亲人永别了。在经历了数千年的航行到达目的地后，他们的母星文明是否还存在也成了未知数，真的有文明愿意做这样的探索吗？

我先从技术的角度谈谈自己的看法。如果把人类交通工具的速度和所经历的时间粗略地列一下，你会看到：

交通方式	速度（千米/小时）	跨越时间（年）
步行	2	–
马车	40	1,000,000
火车	100	3000
民航客机	800	100
喷气式战斗机	4,000	40
火箭	50,000	10

我们发现交通方式的速度越来越快，而研究新的交通方式所耗费的时间却越来越短。当然，这是一个粗略的数据。我们现在的化学火箭技术差不多已经到了一个瓶颈。最近这50年，火箭的速度并未取得本质上的进步，但没有人会怀疑人类能突破化学火箭的技术瓶颈，一旦突破，将又会迎来一个速度的大提升。现在最有希望实现速度大飞跃的技术是可控核聚变技术，科学家曾经参照人类的经济发展速度和可控核聚变技术需要花费的资金做过一个估计，认为应该不会超过250年，人类就能够掌握可控核聚变技术，从而将飞行器的速度提升到光速的1/100。人类以这个速度飞往最近的外星文明所需的时间是几百年至几万年。虽然这段时间在你看来仍然很久，但毕竟不会构成星际旅行的根本逻辑矛盾。换句话说，只要有外星文明比我们早进化几万年时间（这在文明进化的宇宙学尺度上是很小的），那么他们的探测器至少在技术上实现飞临地球是没有根本性障碍的。

我再从社会学的角度谈谈自己的看法。人类的生存范围从行星的表面扩展到外层空间是一个逻辑必然，只要文明得以存续，这个发展方向是不可避免的。因为行星表面的生存空间和地球的资源都是有限的，生存空间和资源很快就会被耗尽。从宇宙的尺度上来说，这真的将会是很快发生的事情。我做个简单的计算你就知道这有“多快”了，假设从一对夫妻开始，在理想化的状况下繁殖后代，仅仅按照每年3.3%的比率递增，1600年后，所有人的体积加起来就将和整个地球的体积一样大。当然，这是非常理想化的计算，真实的世界不可能是这样的。我仅仅想通过这个计算告诉你，人口的增加和资源的消耗远比你想象的要快得多，哪怕把战争、疾病等因素全都考虑进去，不出数万年，地球肯定无法满足人类对空间和资源的需求。而把数万年这个时长放到银河系的年龄中，简直快得像眨一下眼睛。所以，一旦技术条件允许，人类必将向广袤的太空索取生存空间和资源。在太阳系的宇宙空间中，资源的储量是巨大的，比如说，一颗直径1000千米的小行星所含的铁矿总量就相当于整个地球的储藏量，一颗木星的卫星（木卫二）的淡水资源量就比整个地球的海水总量还大，而这不过是太阳系总物质量的沧海一粟。

因此，从生存空间和资源的这个角度来看，只要文明继续存续，人类发展出一个个的太空城是逻辑必然。每一个太空城都将生存着上百万甚至上千万的人口，这些太空城最理想的栖息地是火星和木星之间的小行星带，因为那里有巨大的资源储量。对于在太空城出生的人来说，宇宙空间才是他们的“家”，而地球则是旅游胜地。随着一代又一代“太空人”的更迭，他们对于地球家园的感觉必然与我们这些“古人”完全不同。为了获取资源，太空城必然需要动力装置，才可以在太阳系中移动，人类的本性也决定了太空城需要有防御性或者进攻性的武器装置。那么，每一座太空城实际上就是一艘星舰，一种叫“星舰文明”的崭新文明形式将在我们的太阳系中以一种和地球文明截然不同的方式进化。当然，这种文明的根基还是人类文明。

你可以假想一下，当星舰文明遍布太阳系的时候（这可能是数万年以后就发生的事情），每一艘星舰文明都会从心理上摆脱对宇宙空间的恐惧感和离开地球的孤独感，对太阳系以外宇宙空间的好奇心反倒会越来越强烈。终于有一天，一艘满载资源的星舰决定向另一个恒星系出发。其实，对于星舰上的大多数“老百姓”来说，这艘星舰到底是停留在太阳系中还是处于航行中，他们根本不在意，也不关心。对他们来讲，太空城就是他们的全部，他们的生活、工作、娱乐全在太空城中完成，就像很多一辈子没离开过家乡的“宅男宅女”一样，太空城航行到哪里，他们的生活就在哪里。

越来越多的星舰文明向宇宙深处进发了，每艘星舰的航向都不同，具体航向也并不重要，因为银河系中的恒星系基本上是平均分布的。他们每达到一个恒星系就可以补充资源，建造新的“星舰”，分流人口。这些新的星舰有可能编队一起航行，也有可能独立选择一个新的方向航行。

以上关于星舰文明的畅想并不是我一个人的异想天开，美国的科普巨匠阿西莫夫也认为星舰文明是人类发展的必然方向之一，至少从逻辑上来讲没有什么矛盾。阿西莫夫还做过一个粗略的计算，假设每隔一万年，一艘星舰变成两艘，然后各自选择随机的方向继续航行，就像一种细胞每一万年分裂一次的话，那么，用不了1亿年，银河系的每个角落都将布满星舰。

想要否定C假定依然是困难重重。

否定D假定

于是，我们看到，从C假定出发，我们自然而然地就来到了D假定。1亿年有多长？不过是我们前面假设的100岁的文明的1岁而已。银河系已经有至少130亿年的历史，就算它前50亿年太热，不适合生命的演化，就算银河系的殖民化再放大10倍，需要10亿年，时间仍是绰绰有余的。可是，为什么还没有星舰文明到访我们的地球呢？他们到底在哪里呢？

在不否定A、B、C假定的前提下，能不能否定D假定呢？

其实，就我了解的情况来看，大多数天文学家、物理学家、科普作家都认为比较难以说服自己的理智而否定A、B、C假定，他们倾向于否定D假定。否定D假定的方案有不少，但最具代表性的一个方案又恰恰是最有意思的，最早是由俄罗斯的航天之父齐奥尔科夫斯基（Konstantin Tsiolkovsky）提出的，美国的著名天文学家约翰·鲍尔（John Ball）在1973年的时候把它称为“宇宙动物园”假说。

这个假说认为，外星人其实早就已经到访了地球，只是出于某种暂时不为我们人类知道的原因，外星人宁愿在远处悄悄地观察我们，不惊动我们，这就好像我们人类把野生动物关在野生动物园里面，只在远处观察它们、保护它们，而不去干涉它们的生活。至于外星人为什么把人类当作动物园里面的动物，只观察不接触，齐奥尔科夫斯基就语焉不详了，他认为可能是因为我们实在太原始了，外星人不屑与我们接触；也可能就像现代人第一次发现某个非洲丛林中的部落，因为不想破坏那种独特的原始文化，所以不去惊动对方；当然也有可能是出于某种宇宙高等智慧文明达成的“公约”，这种公约禁止更高级的智慧文明干涉低级的智慧文明。总之，所有支持动物园假说的科学家都没有办法说出确切原因，也无法举出证据，只是他们都宁愿相信有某种现在我们尚无法得知的原因在阻止外星人与人类接触，而不愿意去否定逻辑上很难被推翻的A、B、C假定。

但所有否定B、C、D假定的逻辑中，都存在一个难以解释的重大问题，那就是为什么对于人类来说整个宇宙是处于无线电静默状态的。在第二章中我们已经了解到人类已经努力了半个多世纪，一直在监听来自宇宙中的无线电波，至今却一无所获，这就是被称为宇宙“大沉默”的现象。即便以人类现在掌握的技术，向100光年半径内的恒星系发射无线电波已经不是什么困难的技术了。可以想见，文明程度稍微优于地球文明的外星文明，具备1000光年发射半径的技术是完全可能的。这个阶段的文明与地球文明的发展程度是处在同一个等级的，那么与我们人类对外星文明感到好奇一样，他们也应该对他们的外星文明感到好奇。在以地球为中心1000光年半径的这个宇宙球内，我们有理由相信应该有数百个文明的存在，那么这个宇宙球应该就像现在的地球一样，充满各种呼叫的无线电波才对。但现在的情况却是无情的“大沉默”。我们半个多世纪的地外文明搜寻计划几乎一无所获，这就好像人类身处一片黑暗的森林中，明知周围到处都是猎人，可是每个猎人都在潜行，不发出一丁点声息，这中间难道有什么隐情吗？

五 “黑暗森林”假说

中国当代最好的科幻小说作家刘慈欣在他的传奇神作《三体》三部曲中提出了对费米悖论的一个解释，这个解释在逻辑上可以说是非常严密，在让我们感到佩服的同时又被他这套逻辑震撼得心惊肉跳。下面，让我把刘慈欣的“黑暗森林”法则完整地呈现给各位读者。

（以下故事改编自刘慈欣《三体2·黑暗森林》部分章节，以此表达对大刘老师深深的敬意，您是这个时代中国最好的科幻小说家，没有之一。）

凄厉的警报声响彻整个战舰，一个声音在空气中振荡：“全体人员进入一级战备。”

这是“量子”号宇宙战舰，编号1978，意味着这是人类建造的第1978艘“恒星级”宇宙战舰，内部空间的总面积加起来超过20个足球场，可以容纳2000多名官兵。

舰长斯科特，一个45岁的日耳曼人，有着典型的日耳曼血统的面庞，棱角分明，不苟言笑。此刻，斯科特正在舰长舱室中凝神看着投射在空中的3D影像，整个战场的情况尽收眼底，各种数据四处跳动。

这是人类文明对三体文明的第一次也是最后一次正面战斗。

三体文明是一个在距离人类4.5光年的三星系统中诞生的文明，这个文明的历史比地球文明的历史要长得多。在银河系的尺度中，地球文明和三体文明的距离可以说是近在咫尺。200多年前，三体文明发现了地球文明，这对于正处在恒星风暴前夕、即将遭遇灭顶之灾的三体文明来说，简直就像是末日福音。三体文明几乎是不假思索地向地球发出了宣战声明，为了自身文明的生存和延续，他们必须占领地球，消灭人类。随后，三体文明以最快的速度组成了规模为1000艘宇宙战舰的庞大舰队，向地球进发。舰队主力将在450年后到达太阳系，而其中的10个小小的先遣探测器将在200年后提前到达太阳系。

为了迎接“末日之战”，人类经过200多年的积极备战，终于也发展出了庞大的宇宙舰队，而且战舰的数量是三体舰队的2倍还多，战舰的巡航速度和吨位都超过了三体舰队。此时的人类已经不再惧怕三体文明，必胜的信念充满所有地球人的头脑。面对提前到来的10个小小的探测器，国际社会做出了一个疯狂但又合乎所有人类期望的决定：所有战舰以密集编队形式全部出动，在捕获探测器的同时向三体文明展示地球文明的庞大军事力量，给予敌方军事震慑的同时也给所有地球人更强有力的信心保障。2000多艘战舰从木星基地起航的景象在视觉上极具冲击力。从地球上看，即便是在白天，也能看到在木星方向有2000多颗小太阳成矩形排列，那是战舰的核聚变发动机照射出的耀眼光芒。

在冥王星轨道上，地球舰队遭遇了10颗三体探测器中的第一颗。人类第一次用肉眼看到了外星文明的物品，那是一颗卡车大小、外形酷似完美的水滴形状的飞行物，整个外表面是完美的镜面全反射，在漆黑的宇宙中反射着银白色的光芒，优雅无比。然而，这颗以人类的审美标准看来美丽优雅至极的水滴，其实是一个可怕的终极武器。与地球舰队遭遇后，就在地球舰队指挥部讨论如何防止水滴自毁的同时，水滴已经迅速发动了攻击，地球舰队在心理上完全没有准备。

而水滴的攻击方式可以说简单粗暴到了极致——撞击。

仅仅用时75秒钟，水滴就撞穿了第一队排成直线队列的100艘战舰。在水滴面前，战舰的材料就像奶酪，而水滴则是一颗出膛的子弹。当这颗子弹高速洞穿100艘“奶酪”做成的战舰核燃料箱后，战舰就像一串鞭炮，一个接一个地炸开。水滴却没有停止攻击，它仍然在加速，点燃下一串“鞭炮”的用时缩短到了62秒。此时的地球舰队指挥系统才终于发出了第一声警报。

图2-4 水滴向人类战舰发起进攻

量子号战舰是距离水滴最远的一个战舰队列中的一艘，与水滴首次发起攻击的地方相距约2万千米，但即便是这个距离，水滴飞过来也仅需十几分钟。斯科特飞速判断着战场的形势。在以往的沙盘推演和实战演练中，地球舰队曾经设想过上百种末日之战的敌方战术，也做过最坏的打算。但是，当真正的末日战争来临的时候，三体文明采用的战术仍然出乎所有人的意料，或者说，他们根本不需要战术。

斯科特凝神注视了战场分析系统一分钟后，立即做出一个果断的形势判断：这是一场相差一个数量级的技术文明之间的战争，就像哥伦布的战船遇上了现代的航空母舰。斯科特立即下达了作战指令，只有一个字："撤！"但舰长马上又以最大的音量补充了四个字："极限速度！"

量子号战舰的官兵是一群训练有素的老兵，在舰长的指令下达的10秒钟之内，极限速度模式已经开始启动，整个战舰的所有载人舱室被一种红色透明液体迅速充满，这是一种富含氧气的液体，人可以在液体中自由呼吸。当舱室被液体完全充满后，战舰就进入了"深海"状态，此时的人体内部充满液体，内外压强平衡，可以抵御100多个g的加速度，这个原理就像深海中的鱼类可以抵御几千米深的水压一样。

量子号的核聚变发动机发出数十个太阳同时出现一般的强烈光芒，以120g的加速度猛然脱离舰队方阵。与量子号几乎同时启动极限速度的还有一艘距离量子号不远的战舰，“青铜时代”号。

青铜时代号和量子号战舰成为末日战争中地球舰队仅存的两艘战舰。水滴就像魔鬼手上的一根针，在漆黑的宇宙中上下翻飞，穿过之处留下的只有死亡。地球舰队的2000多艘战舰在两小时不到的时间里全军覆没。当一切再次归于平静，水滴又优雅地匀速航行在太空中，它看起来就像静止了一样，完美无瑕的镜面表面仍然那么完美，没有一丝一毫改变。

“现在可以帮我接通量子号了。”青铜时代号的舰长章北海向通信官发出指令。章北海40岁，他与斯科特一样，在战斗警报发出后的一分钟内即做出了正确的判断：为人类完整保存一艘战舰是我唯一能做的事情。因此章北海也果断下达了以极限速度逃跑的命令。

斯科特：“章将军，我们是唯一（幸存）的两艘。”

章北海：“我已经知道了，这不是战争，这是一场屠杀。”

斯科特沉默。

章北海：“斯科特将军，恐怕，我们已经回不去了。为人类文明的生存和延续是我们现在唯一的使命，完成使命是我们军人的天职。”

斯科特：“是。”

章北海：“我建议立即召开两舰的全体官兵大会，讨论我们的下一步计划。”

斯科特：“同意。”

量子号全舰有2103名官兵，青铜时代号全舰有2076名官兵，两舰的所有官兵的男女比例大约是7:3，平均年龄28岁。现在，每一个人面前都打开了虚拟3D影像，通信兵设计了一个仿造地球上古老的议会大厅的场景，使每个人都有一种身临其境的感觉。

两艘战舰的副舰长以上的军官在主席台上“就座”。

章北海：“我是青铜时代号的舰长章北海，目前我们面临的情况想必所有人都已经清楚了。人类不得不承认，我们的技术与三体文明比起来，尚处于婴儿期。三体文明一个小小的探测器就消灭了全部地球联合舰队。而在这颗探测器身后，仍然有另外9颗探测器，在它们的身后还有1000艘三体文明战舰。地球文明的战败已经无法挽回，而我们这4179个人必须肩负起延续人类文明的重任。地球已经回不去了，我们只能不断地航行再航行，战舰就是我们唯一的家园。我知道，这对每一个人来说，都是一个难以接受的现实。但我们是军人，完成使命是我们每个军人的神圣职责，我们现在的使命只有一个：为人类保存文明的火种，寻找下一个地球。”

斯科特：“章将军说的就是我想说的，补充一句，那些没有消灭我们的东西使我们变得更加强大。”

章北海：“我们今天召开全体大会，要以全民公决的方式决定我们是否正式脱离原有的人类社会，独立成为一个新的政体，一个新的国际。现在请大家表决。”

10秒后，表决结果出来了——全票通过。

章北海：“从现在开始，我们将是一个独立的国际社会。首先我们需要确定一个我们这个社会的名称。请大家输入你希望的名称。”

指挥舱室的巨大虚拟影像中开始出现各种各样的名称，但是很快，一个名字越来越显眼，越来越大：星舰地球。

从此，人类分成了两支，一支叫作地球国际，一支叫作星舰地球。地球国际的人口为125亿，星舰地球的人口为4179。所有地球国际的人类陷入了集体的末日恐慌中，而星舰地球的人类则开始了创世纪的工作。

最初几周，星舰地球处于集体的兴奋和忙碌中，他们首先选举了由50人组成的临时宪法起草委员会，由这50人来制定星舰地球的政体、宪法、纲领以及领导机构。星舰地球的全体成员也都沉浸在创造新世界的激情中，他们热议着属于他们自己的这个人类社会的各种话题，两艘战舰的官兵进行了充分交流，亲如一家。虽然大家都知道，按照目前的巡航速度，要到达下一个恒星系至少还需要2000年的时间，但所有人都期待星舰地球会成为一个文明雪球的内核，随着战舰达到一个又一个星系，文明雪球会越滚越大，人类文明也会重新繁盛。星舰地球很快又获得了一个别称：伊甸园。人们相信这就是人类的第二个伊甸园，亚当和夏娃会逐渐繁衍出繁茂的人类文明。

然而，这样的情况却没有持续多久，一种很奇怪的现象开始在不知不觉中慢慢发生。

首先是两艘战舰的舰长斯科特和章北海。他们本该是最忙碌的两个人，但斯科特却越来越不爱说话。他本来话就不多，现在就更少了，经常一整天都把自己关在指挥舱室中，只在吃饭的时候出来默默地吃个饭，然后又消失在人们的视线中。章北海一直就是一个典型的军人，性格爽朗，乐意与下级官兵交流。他也变得越来越沉默，虽然还不至于把自己天天关在指挥室中，但舰上的所有官兵都明显感到章北海变得一天比一天更沉默，目光一天比一天更深沉。

斯科特和章北海的沉默症就像一种传染病，仅仅一周后，就开始自上而下向副舰长们传染，很快就传染到了临时宪法起草委员会的每个人身上。这些委员基本都是中校以上军衔的军官，在各自的战舰上都起着举足轻重的作用。他们统一的反应就是话越来越少，在各种会议上主动发言的人也越来越少，眼神也变得越来越阴沉。同时，每个人都害怕别人注意到自己目光中的阴霾，不敢与人对视，偶尔目光相遇，也会像触电一样立即移开。这种症状正逐步向下级军官蔓延。

青铜时代号的心理医生蓝西早就注意到了这种状况，他以自己的职业敏感意识到这是一个非常严重的问题，很可能是致命的。刚开始，蓝西认为这是一种思乡症的表现。毕竟，这是人类历史上第一次永不归航的远航，人类第一次真正意义上进入太空。以往的所有航行，无论时间多久，船员都知道迟早要返航，过去的所有宇宙飞船都只不过是风筝，被一根从地球上伸出的无形的线牵着。这一次，牵着他们的这根线断了。但是蓝西很快就发现自己错了，现在战舰离开地球还不算远，与地球的通讯情况良好，每个船员都可以方便地通过国际互联网了解来自地球的消息，与家人联络。并且，目前整个地球的情况非常不好，所有人都沉浸在末日恐慌中，谁都不知道水滴下一步会发动什么样的攻击行为，凡是飞离地球的航天器无一不被水滴轻松摧毁。舰队官兵的家人们常常为自己家族的人能逃离地球而感到庆幸，并且鼓励星舰地球的成员勇敢生存下去。因此，思乡症肯定不是造成目前这种状况的原因。最蹊跷的是，一般心理问题都是从最下层士兵中开始出现的，军官往往是千里挑一的人才，各方面素质都比普通士兵更好，这次却刚好反了过来。蓝西不能坐视这种噩梦蔓延，他决定先对副舰长进行心理干预。

青铜时代号的副舰长叫东方延绪，一个成熟、美丽的女性。但是，阳光已经从东方延绪的眼神中消失了。当蓝西好不容易找到东方的时候，东方正独自一人在战舰尾部的农作物生产基地里，看着一个个培养槽沉思。

蓝西："东方舰长，能跟我聊聊吗？"

东方："蓝西上尉，我知道你想问什么。有些事情……还是不说的好。"

蓝西："可是，如果这种状况无法得到改变，恐怕星舰地球将很快成为一艘幽灵战舰。"

东方："幽灵，蓝西，至少那还有灵魂。"

蓝西："您这是什么意思？"

东方："我们是首批真正踏入太空的人类，太空的可怕远在我们想象之上。我想，我们已经不再是过去的人类了。"

蓝西："是，我们是属于星舰文明的新人类。"

东方："不，蓝西，我们是非人类。"

蓝西："非人？"

东方："我累了，蓝西，我们就谈到这里吧。"

见东方实在不愿意多谈，蓝西只好满腹狐疑地离开，就在踏出舱室大门的时候，听见东方延绪的声音从他身后悠悠地传来："很快就会轮到你了，蓝西。"

蓝西浑身一震，感到一股寒意。

就在蓝西和东方延绪结束这段对话的一个小时后，一个惊人的消息传来：量子号舰长斯科特自杀了。

通讯官急匆匆地把这个消息传递给章北海，没想到章北海仅仅是淡淡地回了句："知道了。"然后默默地朝量子号的方向敬了一个军礼。

斯科特是在舰尾的瞭望平台上开枪自杀的。从监控系统记录下来的影像中可以看到，斯科特站在平台上，长时间看着远方一个比星星略微明亮一点的黄色光点，太阳。就这样，斯科特一动不动地站了足足有一个小时，突然，他说了一句："真黑啊！"便举枪自尽了。

东方延绪在得知斯科特自杀的消息后，沉默了10分钟，脸色凝重，她转身朝舰长舱室走去。

叩开了章北海舱室的门后，东方延绪和章北海无声无息地对视着，她身后的舱门自动关上了。

两人谁也没有先说话，只用眼神交流着。

东方延绪：没有时间了，必须做出决定了。想出办法了吗？

章北海：没有。显然，斯科特也没有。

东方延绪开口了："或许，我们可以在进入巴纳德星系后用武器轰击小行星带，形成浓密的星际尘埃，进行减速。"

章北海说："不可能，东方，先不说巴纳德星系有没有小行星带。按照现在的速度，如果没有足够的燃料减速，没有什么东西能阻止我们直接掠过巴纳德星。并且，在我们现在的航线上还有两片星际尘埃，如果不消耗燃料维持速度，我们的巡航速度将被阻力减小到光速的千分之一，那么我们到达巴纳德星系的时间将从现在的2000年增加到6万多年，或许我们的星舰能滑行到那里，但肯定没有什么人能活着到达那里，这个时间远远超过了战舰维生系统的设计使用年限。"

核聚变燃料是战舰在宇宙中能量的唯一来源，而能量是维持整个战舰生态系统所必需的，燃料用光意味着星舰地球将成为一座坟墓。在到达巴纳德星系的2000年航程中，除了维持生态系统和冬眠系统所必需的能量外，最大的消耗来自穿过星际尘埃后的重新加速和到达目的地后的减速。以两艘战舰现在储存的能量来计算，马上把两艘战舰的所有燃料集中到一起，刚够一艘所需。

东方延绪说："除了燃料，还有配件问题。"

章北海说："是，每艘战舰都只有一套配件备份，这是不足以支撑2000多年的航行的，只有把其中的一艘战舰肢解当作配件，或许勉强够用。"

东方延绪说："看来只能把两舰的人员集中到一艘上去了。"其实东方延绪知道这是不现实的，她早已经设想过无数种解决方案，但仍然抱着一线希望征询章北海的答案。

章北海叹了口气，说："东方，如果能行的话，斯科特还会自杀吗？战舰的生态维持系统和冬眠系统都不可能再多容纳哪怕一个人了，即便以战舰目前的编制，也超过了超远距离航行的上限，我们的人员已经太多了。”

茫茫太空为量子号和青铜时代号设下一个生存死局，这个死局的出路只有两条：要么一部分人死，要么全死。

又沉默了几分钟。

东方延绪说：“我自愿牺牲。”

章北海说：“我也愿意。可是，我们有权利替战舰上的其他2000多名官兵做出选择吗？”

其实两个人不约而同在想：既然牺牲一半人不可避免，那为什么是我们？有谁真的甘心放弃生存的希望呢？为什么被逐出伊甸园的人是我们呢？

两人的眼神再次交汇，谁也不愿意说出口，但是眼神已经说明了一切，他们都在想一个词：次声波氢弹。

次声波氢弹是宇宙战舰的标准武器装备，当它在战舰附近50,000米内爆炸时，会在舰体内产生强烈的次声波，杀死一切生物体，而对战舰设备不会有任何损坏。

东方延绪一扭头，低声说：“不行，这太黑暗了，我们已经快成了魔鬼了，怎么能这么想。”

章北海说：“但是，我们并不知道他们会是天使还是魔鬼。”

东方延绪说：“那也只有魔鬼才会把别人想成是魔鬼。”

章北海说：“是的，但是问题并没有解决。即便我们自己知道自己是天使，我们也认为对方是天使。可是，我们还是无法知道他们怎么想我们。他们会把我们想成天使还是魔鬼呢？”

东方延绪说：“我明白你的意思，即便他们也会把我们想成天使，但问题仍然没有解决，我们不知道他们怎么想我们怎么想他们，这个循环还可以继续，我们不知道他们怎么想我们怎么想他们怎么想我们……以至于无限。这是一条长长的没有尽头的猜疑链。”

章北海说：“要是换了其他事，我们自然可以通过交流来打断这条猜疑链。但是，在生存死局面前，交流无效。无论如何，要么死一半，要么全死，这是注定的结果。”

东方延绪说：“真他妈的黑啊！”这可能是美丽善良的东方延绪这辈子说

过的唯一一句脏话。

章北海说："斯科特自杀了，或许只是一种逃避责任。时间不多了，该发生的事情每一秒钟都有可能发生。东方，我知道你下不了手，让我来吧，我愿意替舰上的所有官兵带上枷锁。"章北海已经下定决心，发射次声波氢弹后就追随斯科特而去。

章北海说完这句话，手没有停下，在空中调出了武器控制系统的3D虚拟界面，虽然操作很慢，但是每一步都准确无误。

东方延绪看着章北海的操作，泪水已经夺眶而出，她闭上了眼睛，黑暗笼罩了她的整个世界。突然，全舰响起了凄厉的警报声，空气中振荡着一个声音："警报，警报，导弹来袭！"仅仅4秒钟后，当东方延绪再次睁开双眼，她看到的是一阵炫目的亮光。战舰上的一切都逐渐隐没在这道强烈的炫光中，最后消失的是章北海那双看着东方延绪的眼睛。章北海咧着嘴朝东方延绪笑了一下，说出几个字："其实都一样。"

两颗次声波氢弹在距离青铜时代号很近的地方爆炸，整个青铜时代号就像蝉翼一样振动起来，血雾弥漫了整个战舰。

在长达一个多月的对峙后，章北海和量子号做出的决定仅仅相差了几秒钟。

这次发生在距离地球100个天文单位左右的战斗，史称"黑暗战役"。

黑暗战役的全过程被地球卫星轨道上的太空望远镜全程记录下来。当地球上的人们通过电视看到量子号突然向青铜时代号发射次声波氢弹的那一幕时，所有人都愤怒了。国际社会立即发表声明：星舰地球被永久逐出人类文明的体系，他们是人类文明的耻辱。在民间，量子号被称为"黑暗号"，量子号上的所有人被称为"黑暗一族"。

从遥远的地球上看过去，量子号和青铜时代号不过是两个性质相同的"点"而已。在生存死局面前，不是量子号成为黑暗号，就是青铜时代号成为黑暗号，这两个点的性状没有什么区别。

在宇宙的尺度中，不论是地球文明也好，三体文明也好，无非是一个个的"点"，文明的细节已经被遥远的距离所抹去了。

宇宙公理一：生存是文明的第一需求。

宇宙公理二：文明不断扩张，宇宙中物质的总量保持不变。

这就是我们这个宇宙为所有文明设定的两个最基本的法则。沿着这两个公理往下推演，我们很容易发现，量子号和青铜时代号的生存死局必然在两个文明的碰撞和接触中重演。要么活一个，要么全死。

难道就没有可能携起手来，共同向广袤的宇宙索要资源，寻找更大的生存空间吗？

不可能，别忘了“猜疑链”。

我们不妨把恶意文明定义为“会首先发动攻击的文明”，善意文明定义为“不会首先发动攻击的文明”。那么两个文明的接触会产生三种可能：善恶碰撞，恶恶碰撞，善善碰撞。前两种情况的结局不言自明。即便是在最后一种情况下，战争也不可避免。因为我怎么知道你是善意的，即便我知道你是善意的，我怎么知道你怎么想我，我又怎么知道你怎么想我怎么想你……循环以至无穷。在人类中，有效的沟通可以中断猜疑链。但我们也经常看到，人与人之间的种族差异、文化差异越大，这个猜疑链就会拉得越长，越难打断。而两个不同的宇宙文明之间，甚至连构成生命的基础元素都是不一样的，他们之间的猜疑链会被拉得无限长，几乎不可能通过交流打断，谁也无法判断对方会不会说谎。

那么，一个先进得多的文明与一个原始落后的文明也无法和平共处吗？

没法和平。别忘了文明中还有“技术爆炸”这种现象。

回想一下我们人类文明的技术发展，不，根本不能用“发展”这个词来描述，简直就是一种“爆炸”。从马车到汽车到飞机到火箭，从大刀长矛到火炮到核弹，这样的技术发展历程，如果用一根横轴是时间单位的曲线来表示，得到的曲线与爆炸的能量释放曲线是一样的。工业文明就仿佛是一夜之间炸开了。文明与文明之间的距离往往都是在上百光年的尺度上，哪怕是来回发个电报，也得数百年的时间。所以一个先进文明稍稍一放松，原始落后的文明很可能就一下子爆炸出来，超过先进文明。更何况，先进文明与原始文明的接触说不定恰恰就成了原始文明爆炸的导火索。

因此，整个宇宙就是一个黑暗森林，每个文明都是一个带枪的猎人，潜行在黑暗中。要让自己生存下去的最好办法是开枪消灭所有暴露位置的猎人。而现在的人类就像在黑暗森林中生火的小孩，一边生火还要一边大声叫嚷，生怕别人不知道自己在哪里。

图2-5 黑暗森林概念

不过，随着人类文明的发展，我们首先会进化出“隐藏基因”。在没有实力开枪之前，先把自己藏好是唯一能做的事情。森林中有多少猎人我们不知道，每个猎人携带的武器的威力我们更不知道，我们只知道不要让人发现才是王道。

这个隐藏基因已经出现了苗头。现在，全世界越来越多的科学家开始反对METI计划。

或许一万年以后，我们也会进化出“清理基因”，为了人类文明的生存和延续，就必须消灭随时有可能技术爆炸并消灭我们的落后文明。

以上，就是科幻作家刘慈欣的黑暗森林法则，就是对宇宙大沉默的解释，就是对费米悖论的解释。外星人之所以还没有来，那只是因为我们还存在，我们还没有被消灭。

真他妈的黑啊！

六 对“黑暗森林”假说的思考

根据我的仔细考证，用“黑暗森林”法则来解释费米悖论，确实是刘慈欣的“准”原创。为什么要加一个准字？因为美国科幻作家大卫·布林在他的作品中曾经提出存在一种人类尚不知道的危险，导致我们的宇宙对于地球人来说处于一种“大沉默”的状态。这是我能查到的最接近“黑暗森林”法则的观点了。

首先，我必须承认，黑暗森林这个概念非常酷，也很有思想深度，尤其是它的推导过程很精彩，采用了科学中的公理演绎法，这种方法的力量是非常强大的，远远强过大多数的哲学思辨方法。欧几里得用这种方法建立了名垂千古的欧式几何，爱因斯坦也用这种方法建立了世界上最美的理论——相对论。据科幻圈子中的一位“老炮儿”透露，大刘曾经亲口说过，他是在单位的一次职称评议会中突然想到了这个黑暗森林法则，把自己开心得手舞足蹈。

经常有人会问我怎么看黑暗森林法则。我认为，作为科幻小说的核心创意来说，已经可以打100分了，堪比阿西莫夫的机器人三定律。但如果想成为一个理论，当然就不够强大了。这是因为：

第一，黑暗森林法则的推导过程中隐含了一个前提，就是“宇宙中资源的总量已经显现出不够文明使用的迹象”。少了这个前提，后面的推导就不是顺理成章的。比如说，刘慈欣为写黑暗森林法则之前做的铺垫，也就是那两次发生在太空中的黑暗战役。假设所有飞船都带有足够多的资源，那么黑暗战役也就不会发生了。我们其实可以用数学中的反证法来推出黑暗森林法则与已知的天文观测事实矛盾。假设黑暗森林法则成立，就可以推出一个结论：宇宙中有海量的文明，且已经存在了足够长的时间。继续可以推出：海量文明已经使用了宇宙中的资源足够长的时间，资源对于文明来说是稀缺的。但问题是，这个结论和人类的天文观测事实矛盾。我们看到的是，宇宙中的资源是极为丰富的，无数恒星的能量都在白白流失，假如恒星的能量能够被高级文明大规模采集，那么就一定会产生可观测的效应，例如戴森球效应。虽然，我也承认，这个反证过程也不够强大，但至少能够说明黑暗森林法则的推导过程并不遵循非常严密的数理逻辑。

第二，我们再从博弈论的角度来看宇宙社会学，得出的结论也与黑暗森林法则部分矛盾。如果把宇宙中的无数文明的生存竞争看成是一个博弈过程，那么了解博弈论的听众都可以联想到地球上生物竞争中的博弈关系。在生物学中，有一个非常有趣的进化模型，在一个种群中，善于竞争的鹰派和善于合作的鸽派在生存竞争中哪个更有优势呢，最终剩下的是鹰派还是鸽派呢？最后的结论是，鹰派和鸽派在长期的生存竞争后，剩下的比例稳定在61:39。特别提请大家注意的是，博弈论是一门非常严谨的学科，在生物学上的应用有大量的观测数据做支撑。所以，按照博弈论的观点，在宇宙中恶意文明和善意文明的最终比例应该稳定在61:39。而黑暗森林法则认为宇宙中每个文明都是带枪的猎人，隐藏自己，清理异己。

以上两条是我自己的观点。另外，各种学者对黑暗森林法则也提出了很多质疑，总结一下，大致有以下几类：有社会学者认为，生存不一定是文明的第一需求，可持续的生存才是文明的第一需求，因而文明发展到一定程度后，会约束自己的扩张。物理学家李淼认为，刘慈欣的公理二，也就是宇宙中物质的总量保持不变，也不够坚实，目前的天文观测并没有证实宇宙中物质的总量不变，很可能是在不断增加的，物质的总量很可能是无限的。还有学者认为猜疑链的观点也未必正确，越是高等级的文明，也容易达成互信，也具备越多的手段来阻断猜疑链。另一个有意思的观点是，猜疑链假如是正确的，得出的结果恰恰应该是不要首先攻击对方，因为你怎么知道对方的实力就一定比你弱。既然有猜疑链，那么你所得到的信息很可能是伪装的信息，贸然发动攻击反而是不明智的策略。还有学者认为，只要涉及有自由意志的文明之间的关系，就无法用简单的数学模型来描述。宇宙社会学必须要涉及“意义”，这里的意义指的是心理、文化、感情等无法量化的东西，没有什么东西可以称为“必然”。

还有最后一点，即便黑暗森林法则是正确的，也不能完全解决费米悖论。因为宇宙文明数量的巨大，必定会有一定的概率使得某个文明的发展与宇宙社会学的发展不同步，就好像我们地球人在20世纪60～70年代频繁地发射主动呼叫外星文明的电波，而意识到宇宙可能很危险、发射电波的行为很愚蠢，却是最近这20年才开始出现的，这就是我说的不同步。只要有这个概率存在，我们就还是可能收到别的“愚蠢”文明的无线电波。我说这些，绝不是对大刘的吐槽。相反，我本人非常喜欢作为科幻核心要素的黑暗森林法则，与喜欢机器人三定律的程度一样。但我们都知道，真实的人工智能研发并不遵循机器人三定律，科幻毕竟是科幻。我本人也不相信宇宙中每个文明都是带枪的猎人，一旦地球暴露宇宙坐标就会马上招致黑暗森林打击。我更愿意相信，鸽派文明的数量要远远大于鹰派文明的数量。

七 宇宙珍稀动物

看来费米悖论仍然是一个悖论，但我宁愿回到更为简洁一点的解释，那就是否定B假定：在宇宙中，像人类这样的文明实在是太稀少了，而宇宙空间又大到不可思议，所以地球文明和外星文明不是不会接触，而是尚需等待。

在宇宙中，像人类这样的生命到底得具备多少严苛的条件才能诞生呢？我们不妨来梳理一下。

太阳

没有太阳就不可能有地球的存在。虽然太阳在银河系中只是几千亿颗恒星中的一颗，但并不是每颗恒星都能造就像地球这样生机勃勃的行星。首先，太阳的质量不能太大。根据我们已经掌握的恒星模型，虽然质量越大的恒星拥有的核燃料氢也越多，但热核反应的速度也越快。太阳的质量可以稳定地燃烧100亿年左右，而目前仅仅燃烧了50亿年。当一颗恒星进入到稳定的热核反应阶段时，我们称之为恒星的主星序阶段，这颗恒星就被叫作“主序星”。一颗比太阳质量大70倍的恒星，主星序阶段仅仅能维持50万年左右。哪怕是只比太阳质量大10倍的恒星，主星序阶段持续的时间也只有数百万年而已。而我们都知道，地球首先要经过10亿年才能慢慢冷却成为允许生命诞生的行星，再经过10亿年产生海洋、大气等生命的温床以及最基本的生命形式，之后还要经过20多亿年才能从单细胞的生命进化成人类这样的智慧文明。阿西莫夫认为，我们必须要能够在主星序至少待上50亿年，这是文明发展所需要的最短时间。那么，如果以50亿年为标准来计算，我们可以得出结论，凡是大于太阳质量1.4倍以上的恒星都不可能孕育文明，或许能出现生命，但不足以进化出像人类这样的技术文明。我们每天晚上都能在头顶见到的那颗明亮的天狼星，它的主星序只能维持5亿年左右，因此我们不能指望在天狼星系里找到智慧文明。

太阳的质量也不能太小。如果太阳的质量很小，那么地球为了获得足够的热量，就必须要离太阳近得多。太阳对地球产生的潮汐效应将会非常显著，这种潮汐效应的最终结果是使得地球的自转周期用不了多久就和公转周期一致。所谓的潮汐效应就是由于万有引力随着距离增大而衰减，因此月球对地球“正面”和“背面”的引力不一致，面对着月亮的地球水域就会鼓起来一点，又因为地球不停地自转，当鼓起来的海水转动到海岸时就形成了大潮水。人们把这种引力差称为潮汐力。所以，潮汐效应的实质其实跟潮汐没有关系，只要是两个互相靠近的天体，就会由于万有引力的大小不均衡产生“潮汐力”。由潮汐力所引起的天体上岩石的膨胀和摩擦会最终转换成热量释放掉，在能量守恒规律的支配下，天体只能不断减慢自转速度来补偿损失的能量。潮汐效应的结果是，小的星体最终会固定一面朝向它绕行的大天体，这是康德最早在1754年就提出来的。康德解释了为什么月亮永远只有一面对着地球。在人类后来对火星卫星和木星卫星的天文观测中，也证实了康德的这个理论。那么，地球为什么现在还没有永远把一面朝着太阳呢？原因就在于太阳离地球相对较远，潮汐效应比较弱，地球存在的这40亿年时间还不足以使得地球的自转周期和公转周期一致。但是我们精确的测量结果已经证实了，地球的自转速度每天都在减慢0.000000044秒，相当于每100年会减慢0.0016秒。根据对古生物年轮的精确测量，我们也可以计算出，10亿年前的地球，一天是21小时，而不是现在的24小时。因此，我们可以得出结论，如果太阳的质量比现在小很多的话，那么地球很快就会变成永远有一面是白天，一面是夜晚。永远是白天的那面会慢慢累积太阳的热量，使得所有的海水都沸腾。而永远是黑夜的那面则会寒冷得让所有的水都永久冰冻。在这样冰火两重天的地球上，很难想象可以进化出人类这样的技术文明。

太阳还必须是一颗第二代恒星，才有可能孕育生命。早期的宇宙，只有氢这一种元素，当氢元素慢慢聚集到足够多的时候，由于压力产生高温，最终点燃了热核反应，氢燃烧成了氦，于是宇宙中最初的恒星诞生了。此时，在第一代恒星系中仅仅只有氢和氦这两种元素，显然是无法孕育生命的。一颗质量介于太阳8到25倍之间的恒星，在生命的最后阶段会以剧烈爆炸的形式结束自己的生命，这就是“超新星爆发”。超新星爆发除了产生巨大的闪光和能量外，还会产生大量的重元素——也就是除了氢和氦以外的所有我们已知的自然界元素，都是诞生于超新星爆发。超新星爆发后会形成星云，也就是散落在宇宙中的气体和尘埃，这些气体和尘埃在万有引力的作用下慢慢聚拢，又形成了新的恒星和围绕恒星运转的行星，这就是所谓的第二代恒星。也只有在第二代恒星的周围，我们才能找到像地球一样的充满重元素的行星，也才有可能诞生生命。在我们肉眼可见的夜晚的星空中，绝大多数恒星要么是明亮的第一代恒星，要么是已经进入暮年的恒星——红巨星。

最后，我们的太阳是一个单恒星系统，这又是一个幸运。在银河系中，三分之二以上的恒星都是双星系统，要么是距离很近的两颗恒星互相环绕转动，要么是一颗较小的恒星绕着另一颗较大的恒星旋转。最近的一些研究表明，两个恒星之间的距离至少有50个天文单位（地球和太阳的平均距离为一个天文单位）才可能形成行星。

地球的位置

地球真是处在一个绝佳的位置，离太阳既不近也不远，平均温度是温暖宜人的20多度，而且刚好允许液态水存在。天文学家把允许液态水存在的区域称为“宜居带”。如果地球离太阳再近30%，就会成为现在的金星。这是一个地狱般的星球，表面温度高达500摄氏度，被一层厚厚的二氧化碳和浓硫酸组成的云包裹着。这样的星球上不可能有液态水存在，更不要说能够发展出智慧文明了。如果地球离太阳再远50%，就会成为现在的火星。表面的平均温度只有零下55摄氏度，别说水了，连二氧化碳都冻成了干冰。或许火星上能够出现低等微生物，但是在这样严苛的环境下，想要出现人类这样的智慧文明是几乎不可能的。

一颗行星仅仅是处在了宜居带还不够，还必须要能够稳定地待在宜居带里至少长达几十亿年才足以进化出智慧文明，这就是所谓的“持续宜居带”的概念。一颗行星要能够位于宜居带，本已是相当不容易的事情，能够位于持续宜居带就更是难上加难了。1978年，天体物理学家迈克尔·哈特做了一个模拟计算，如果地球与太阳的距离再远1%，在地球演化史上将会出现一个不可逆转的冰期，会越来越冷。而如果距离再近5%，它也可能出现一个不可逆转的温室状态，会越来越热。假若地球的轨道更扁一些，上述的距离限制会更加严格。虽然哈特的计算也遭到一些学者质疑，但也不过是对这个百分数在个位数字上的质疑。如果我们把太阳系比作一个足球场的话，那么你用一把美工刀在足球场的中心区域刻一条细细的划痕圈，这个圆圈就相当于宜居带了。一颗行星要想恰巧落在这样一个宜居带中，显然是一个非常小概率的事件。

我们的地球还以一个近乎完美的圆形公转轨道绕太阳运行，虽然理论上是一个椭圆，但是偏心率仅仅只有0.017，也就是说地球的近日点和远日点差别实在不大。这样，地球接收到的太阳热量在围绕太阳公转的一年之中才不会有太大变化，地球得以能保住一个相对变化幅度不大的温度条件。过去，当天文学家发现太阳系中大部分行星的公转轨道的偏心率都很小时，他们以为这是宇宙中最普遍的现象。可是随着这几年发现的太阳系外行星日益增多，才发现原来宇宙中的其他恒星系并不都像太阳系一样，大部分系外行星的公转轨道都很扁，近日点和远日点的差别非常大，反倒是太阳系显得非常特殊。

地球的质量、体积和构造

地球的质量大约是60万亿吨，这个质量对于地球生命的形成有着决定性的意义。地球的质量决定了万有引力的大小，而万有引力的大小决定了地球能够吸引住多少大气。如果地球再轻一点，地球上的大气将会变得非常稀薄，甚至完全消失。如果行星的大气非常稀薄，就意味着气压很低，而气压低，水的沸点就低，在一颗液态水很容易沸腾的星球上是不可能产生复杂生命的。而地球如果更重一点，就会吸引住更多的二氧化碳等温室气体，温室气体会导致行星表面温度不断升高，最终失控，地球的近邻金星就是最好的例子。

行星大气的形成与行星的质量有着密切关系，只有合适的质量才能诞生合适的大气。而大气对于生命来说，不仅仅是提供了适宜的温度那么简单。大气还挡住了来自太阳的强烈的紫外线，而紫外线是我们目前已知所有生命的杀手。这是因为构成生命的最基本物质——核酸，很容易吸收紫外线的能量，吸收到一定程度的能量就会沸腾分解。大气还保护了地球免受陨石攻击，大部分的陨石在进入地球大气层后，都会因为与大气摩擦而燃烧，形成流星。如果行星的大气稀薄，那么无数微小的陨石就会像无数微小的子弹一样轰击地球，我们将生活在真正的“枪林弹雨”中。大气还供所有的生物呼吸，呼吸的实质是生物体将摄入的能量和物质与自然界进行交换的过程，这是任何生命想要发展必不可少的行为。

地球的体积大约是1万亿立方千米，这个体积也是恰到好处。为什么这么说？因为我们知道所有的行星都是一个几乎完美的球体，而球体的体积一旦确定，那么表面积也就确定了。地球的表面积大约是5亿平方千米，大小正合适，使得地球散热的速度和吸收热量的速度差不多维持一个动态均衡。如果表面积再大一点，则地球散热会过快，导致夜晚变得非常寒冷。如果表面积再小一点，又会使得过多的热量无法散去，会累积起来，使得星球越来越热。当然，地球的海洋对于维持地球温差也起到了关键作用。但从宏观的角度来说，行星首先要有一个合适的体积和合适的自转速度，才能维持一个变化幅度相对较小的温差。

地球的核心是滚烫的岩浆，而岩浆的主要成分是铁，这又是一件万幸的事情。随着地球的转动，地核也是转动的，这样就产生了电流，而电流在地球内部的环绕流动产生了巨大的磁场，这就是地磁场。我们的指南针之所以能工作，候鸟之所以能准确地长途迁徙，都是因为地磁场的存在。不过，地磁场对生命的意义绝不仅仅只是导航，它是生命的保护伞。每天，太阳都把大量的高能带电粒子抛射出来，这就是我们所称的“太阳风”。这些高能带电粒子如果直接轰击地球，DNA的双螺旋结构会被打得粉碎，生命不可能在太阳风的猛吹下得以进化。正是地球磁场保护了地球上的所有生物免遭太阳风的正面袭击，来自太阳的带电粒子被地球磁场偏转，在地球的南北两极聚集，形成绚丽的“极光”现象。这些美丽的极光其实都是致命的杀手，我们的地磁场在默默保护每一个人。一旦地核停止转动，地磁场消失，那么所有的生命都将遭到灭顶之灾。

月球的作用

在我们头顶高悬的明月并不仅仅给诗人提供了写诗的素材，它对智慧文明的出现有着特殊而非凡的意义。我们前面说过，月球对地球正面和背面的引力差产生了潮汐力，这个潮汐力使得地球上的海洋会周期性产生巨大的潮水。如果没有月球，虽然太阳对地球也会产生潮汐力，而且风也可以刮起海浪，但是和月球引起的潮汐相比，那就弱小得多。潮水对生命的进化意味着什么呢？有些学者认为，潮水对海洋生命进化为陆地生命是有着决定性作用的。我们想象一下在太古年代，海洋中诞生了无数的鱼类生命，某一次涨潮后，很多鱼被冲上了离海洋很远的陆地，于是它们成批成批干涸而死。但是随着时间的推移，总有一些能够适应干旱更久一点的鱼能熬到下一次涨潮，重新回到海洋的怀抱，于是它们的下一代就会具备更好的抗旱性。如果潮水不够大，那么最多也就是进化出一些能够短时间“屏住呼吸”的鱼而已。但是因为月球引发的潮水非常大，鱼儿们不得不一次次面对更加长时间的干旱，于是在一代又一代的自然选择下，鱼儿们慢慢长出了能够从空气中吸取氧气的“肺”，两栖动物从此诞生了。两栖动物诞生后，它们逐步走向更远的陆地，最终永远脱离了海洋的怀抱，成了真正的陆生动物。在进化这个宏伟故事的结局，诞生了人类，但追根溯源，我们人类的诞生却是托了潮水的福。

月球还为我们人类挡住了无数天外飞弹的袭击。当人类第一次通过绕月卫星拍到月球背面的照片时，尽管已经有了心理准备，但依然被月球背面陨石坑的密集程度所震惊。月球背面遭受陨石撞击的频率远远高于地球，我们还发现了许多非常“新鲜”的陨石坑。这就证明了来自天外的飞弹——小行星，在宇宙中实在是非常多。如果没有月球，地球遭受大的行星撞击的概率可就远远不止平均6500万年一次，有学者认为月球使得地球遭受毁灭性小行星撞击的概率减少了十分之一。这就为低等动物进化为高等动物提供了宝贵的时间，试想如果地球平均每600多万年就要遭受一次小行星撞击的话，那么这点时间远不够从爬行动物进化为人类。哪怕是地球遭受小行星撞击的概率增加到5000万年一次，地球文明的出现也会岌岌可危，因为进化出人类并不意味着能够掌握航天技术、能够找到避免小行星撞击地球的办法。环绕着地球公转的月球就像套在地球上的一根保护圈，用它的引力吸附了绝大多数飞向地月系统的宇宙尘埃，默默地为地球承受着天外飞弹的袭击。

木星的作用

木星是太阳系中最大的一颗行星，它大得简直不像一颗行星，体积比地球大了1316倍，质量是地球的318倍，这个质量比全部其他7大行星加起来的总和还要大1.5倍，它更像是太阳的一颗伴星。正是因为木星的无比巨大，它被称为“太阳系吸尘器”。人类文明得以诞生，我们非要感谢这个巨大无比的“吸尘器”不可，如果没有它的存在，地球早就被彗星和小行星撞得千疮百孔了。我们来看看发生在最近的两次撞击事件。

1994年7月16日至22日，以两位发现者名字命名的“苏梅克-列维9号彗星”被木星强大的潮汐力撕裂成21个碎块。然后，就如同遇到吸尘器的灰尘一样，这21个碎块用比战斗机最高时速还要快50多倍的速度（60千米/秒）撞向木星。虽然这次撞击点在相对于地球的背面，我们无法直接观测到，但是撞击激发的巨大光亮把木星的卫星都照亮了，在地球上能清晰地观测到反光效应。这个亮光是人类有史以来记录下的最强烈闪光。当几个小时以后，第一个撞击点转到面对着地球的方向时，天文学家们在望远镜中看到了木星上升腾起的巨大尘云，直冲上2000多千米的高空，撞击坑里面可以装下整整一个地球。仅仅是第一个碎块撞击释放出的能量就相当于3万颗广岛原子弹的能量。如果苏梅克-列维9号彗星撞向的不是木星而是地球的话，那么地球有可能会被撞成两半。

2009年7月21日，澳大利亚的业余天文爱好者首先发现木星再次被彗星或者小行星撞击，留下了一个巨大的亮斑。几小时以后，美国航空航天局证实了这次撞击事件。这次撞击在木星的表面留下了如同地球般大小的痕迹。

在短短的15年间，人类就两次观测到木星遭受严重的撞击，任何一次这样规模的撞击如果发生在地球上的话，地球上的生命都将遭到灭顶之灾。我们身处的这个太阳系远不像想象的那样安详，而是到处充满神出鬼没的彗星和小行星。正是有了这颗如同小太阳般的木星，它巨大的引力场就像一个无形的保护罩，把处于木星公转轨道以内的所有行星都保护起来，就像义无反顾专门挡子弹的保镖一样，保护着人类文明这颗火种不被打灭。太阳系在形成的时候因为各种机缘巧合形成了这样一颗巨大的气态行星，又由于各种机缘巧合在木星的轨道内形成了地球这样一颗岩状行星，才使得我们生命能在上面安静地繁衍生息，一代代进化而不遭受毁灭性的打击。

地球的年龄

地球存在的时间对生命的进化极其重要，如果存在的时间不够长，那么永远也不可能从一个单细胞的生命进化成包含50万亿个细胞的人类。达尔文1859年在他的《物种起源》中宣称，根据他的计算，地球存在的时间是30666.24万年（3亿多年），这个数字精确得令人咋舌，但这个答案离我们现在知道的答案相去甚远。同样，这个答案也引起了著名的物理学家开尔文勋爵的怀疑，他是英国科学界泰斗级的人物。达尔文是从地质和生物进化的角度出发去探究地球的年龄，而开尔文则是从物理的角度出发，他认为地球绝不可能存在那么长时间，原因是太阳的燃料烧不了那么久。在开尔文那个年代，爱因斯坦的质能方程还没有被提出，核聚变的原理也没有被发现，因此，以当时的物理知识，开尔文无论如何也想不通像太阳这么大的一个庞然大物能持续地燃烧几亿年而不被耗尽。在1897年，开尔文最终把地球的年龄定格在了2400万年。虽然开尔文比达尔文多研究了近40年，但是得出的结论与正确答案的差距却比达尔文还要大不止40倍。现在我们知道地球的年龄达到了惊人的46亿年之久。如果我们把这46亿年的时间压缩到一天之中，在这个比例中，1秒相当于5.3万年。那么大约在上午4点钟，出现了第一个单细胞生命，但是在此后的16个小时中，几乎没有任何进展，这种单细胞的生命物质还不能称为严格意义上的生物。一直要到晚上8点半，也就是差不多40亿年过去了，第一批微生物才终于诞生，这是宇宙中的奇迹，此后生物的进化开始加快了脚步。到了这一天还剩下最后两个小时的时候，生物从海洋爬上了陆地，在陆地上顽强地生存了下来。由于10分钟的好天气，地球表面突然就布满了茂密的大森林，这些森林终于哺育出了恐龙，恐龙在11点刚过的时候诞生，支配了这个世界长达45分钟的时间。而智人在这一天即将结束前4秒时出现，在最后的0.1秒，智人发明了文字。生命的诞生需要时间，需要很多很多时间，我们基本上可以排除年龄在20亿年以内的行星进化出高级智慧文明的可能性。地球不但要存在的时间足够长，并且还必须要有一个足够持续稳定的地质期。当人类的探测器第一次造访我们的近邻金星时，发现金星表面的环形山比水星少得多，这本身就很不正常，因为从概率的角度来说，金星和水星遭受到小天体撞击的机会应该差不多，那为什么金星的表面显得异常平坦，而水星上却遍布了350多座环形山呢？原因就在于金星每隔数百万年就会经历一次剧烈的地质活跃期，无数的火山同时喷发，强烈地震几乎遍布整个金星表面，所有的环形山都会被夷为平地。如果我们的地球跟金星一样每隔几百万年就来一次地质大活跃，显然是无法诞生任何智慧文明的，甚至连最基本的生命形式也“吃不消”这种无常的变化。

进化中的偶然

在生命进化过程中至关重要的五六亿年中，恰到好处地发生了一些偶然的大事件，而这些事件又在恰当的时间内告一段落，才使得人类这种珍稀的动物得以诞生。大约在6500万年前，一颗不大不小的陨石袭击了地球，造成了毁灭性的全球大灾难。但这次灾难的规模恰到好处，它灭绝了恐龙，但又使得体形较小的爬行动物得以幸存。如果这颗陨石再大一倍，则它可能毁灭地球上的所有生物，至少是陆地生物，30多亿年的进化毁于一旦。如果这颗陨石再小个50%，那么恐龙会幸存下来。假如恐龙没有灭绝，那么“你很可能只有几厘米长，长着触角和尾巴，趴在哪个洞穴里面看这本书”（摘自比尔·布莱森《万物简史》），在凶猛的霸王龙统治的世界，古猿永远没有机会从洞穴中走出来。但是比6500万年前这颗撞击地球的陨石大小更幸运的是，在此后的6500万年中，竟然再没有一块大陨石撞向地球。虽然这种事情不可避免，肯定还会有大陨石撞向地球，但在这件可怕的事情再次发生之前，人类已经聪明到了掌握航空航天技术，可以有很多种办法来避免灾难的发生。换句话说，现在的人类面对陨石已经不是完全束手无策。

在地球的历史上，曾经数度经历严寒的冰川期，整个地球表面几乎都被冰雪覆盖，这些冰川会在地球表面缓慢地滑动。最近一次的大冰川期（第四纪冰川期）距今大约200万到300万年前，仅仅在一两万年前结束，我们现在仍然能在地球上的很多角落清晰地看到冰川留下的痕迹。冰川对人类的进化有着特殊的意义，首先，巨大的冰川所到之处，岩石会被碾得粉碎，当冰川消失后，这里就从坚硬的不毛之地，变成了肥沃的土壤。冰川开凿出淡水湖泊，现在地球上最大的淡水湖区——美国的五大湖区就是第四纪冰川期留下的杰作，这些淡水湖为数以百万计的生物提供了丰富的养分。冰川迫使动植物迁徙，早期的智人在冰川的驱赶下在全世界范围内迁徙。因为冰川的严酷，智人不得不学会生火取暖，不得不学会遮风避雨，学会如何用动物的毛皮制作衣服避寒，还得学会如何储藏食物来度过漫长的冬季。总之，冰川驱使着人类文明的进化。正如哥本哈根气候理事会主席提姆·弗兰纳里所说：“要想确认某一块陆地上的人类的命运，你只需要问问那块大陆这样一个问题：你有过一个像样的冰川期吗？”在人类文明发展到最关键时刻，也就是差不多文字被发明之后，第四纪冰川期非常知趣地结束了，留下了温暖宜人的气候，留下了大片大片的沃土。人类文明在最近1万年的发展速度只能用“爆炸”来形容，冰川期对此功不可没。

基因的差异

我们很多人都有一个误解，似乎认为进化的终点是人类，也就是说大自然生物几亿年进化的最终目的是为了诞生人类这样一种智慧生物，其他所有的生物都是人类的垫脚石。这是一个很大的误解。人类的诞生是一个极其微小概率的基因突变的结果，我们不知道这种突变是如何发生的，但它的的确确发生了。黑猩猩的诞生比人类还要早得多，它们已经存在了上千万年，但假如有一天人类突然灭绝了，地球上就剩下了黑猩猩，可是你哪怕再给这些黑猩猩一千万年，它们也不会像电影《人猿星球》中描述的那样进化出人类的智慧，原因很简单，他们的基因与人类相比，相差了很小很小的一点点东西。人类的基因与黑猩猩的差别不到1.6%，一匹马和一匹斑马，一只豚鼠和一只鼹鼠的基因差别也要远远大于人类和黑猩猩的基因差别。但正是这不到1.6%的细微差别，所产生的结果就是，最聪明的黑猩猩也就是会搬着箱子垫在脚下去抓取原本够不着的香蕉，而人类却可以乘着火箭登上月球。我们现在依然无法确切地知道我们到底是从哪一天开始从南方古猿中脱离出来，成为人类，但是借助最先进的线粒体DNA的分析技术，我们基本上已经确定现在的人类大概在距今500万年前起源于非洲。那时候的非洲大陆生活着无数的古猿，他们有不同的种属，分成不同的群落聚居着。然后，不知道什么原因，这些古猿中的一支产生了基因突变，使得这支古猿不再是古猿，他们变得越来越聪明，学会了制造工具，这支古猿在惨烈的生存竞争中逐渐占据了上风。而曾经遍布非洲大陆的其他古猿在此后的几百万年中竟然都神秘地消失了，一支都不剩下，没有人知道真正的原因是什么。“也许，”人类学家马特·里德雷说，“我们把它们吃了！”

我们在前面讲了太阳的大小，地球的位置、质量、体积，我们还提到了月球和木星的作用，但是所有这些巧合加起来，其发生的概率在我看来都远远高于基因突变发生的概率。

下部

臆想

一 应对人类灭绝的预案

“灾难预案”这个词现在对于我们每个普通人来说，都已经变得相当熟悉。政府为了应对突发性的公共事件，往往都会制定一些详细的预案，例如地铁火灾预案，城市发生地震的预案，流行病爆发应对预案，等等。制定这些预案的目的都是为了在小概率突发性事件到来的时候，人们不至于措手不及，把各种损失降到最低。我们所熟知的这些预案一般都是应对有可能导致局部地区灾难、一部分人面临死亡威胁的事件。

那么，顺着上面这种“灾难预案”的思路，你有没有想过人类还应当为自己制定一些更高级别的预案呢？也就是当人类面临突发性的、有可能导致整个人类灭绝的事件，人类应当如何应对的预案。前一种我们常见的灾难预案往往能挽救的是一些个体的生命，而后一种最高级别的灾难预案则是为了挽救人类文明。

要制定这种人类灭绝预案，我们首先应当搞清楚造成人类突然灭绝的可能原因会有哪些。在过去所有好莱坞的末日系列题材的电影中，人类灭亡的原因可谓五花八门，让我们不妨来开列一个清单看看人类文明的死法到底有哪些。

第一种死法：环境灾变。

这是末日电影最经常选用的死法，比如电影《2012》。在这部美国人的臆想片中，灾难来自于太阳。太阳的过度活跃，导致释放出比正常年份多得多的中微子，而这些中微子轻易地穿透地壳，直达地核。地核因此被这些中微子加热，造成整个地球磁场紊乱，大陆板块的剧烈运动，引发全球性的地质灾难，于是人类就“挂了”。

再比如电影《末日预言》（尼古拉斯·凯奇主演），整个地球也是在太阳耀斑的大爆发中被完全烤焦，人类全部灭绝。

再比如电影《地心毁灭》（布鲁斯·威利斯主演），作为地球活力发动机的地核因为某种周期性原因停止了转动，人类文明面临灭顶之灾。

导致环境灾变的原因一般是两种，一种来自太阳，一种来自地球内部。从科学的角度来讲，来自地球本身的灾变，不论是地核、地磁场的变化，或者海洋洋流、海水盐度的变化，或者全球性气候变化，都不会在一夜之间发生。虽然从地质纪元的角度来说，持续几万年的冰川纪也就是很短的一瞬，但是对于人类而言，那就是一个相对很漫长的时间，来自地球本身的地质变化绝不会像电影中上演的那样在短短几天或者几年中突然发生。因此，应对这种类型的地质灾难是不需要写预案的，预案存在的原因在于“措手不及”，如果灾难的发生是缓慢的，那么就有足够的时间边调研边应对，就好像目前人类面临的全球变暖问题一样。

我们再来说太阳，电影《2012》中的那个中微子加热地核是没有什么科学依据的，不值得一说。不过在很多科学家眼中，太阳确实是危险的来源。2003年10月底11月初，科学家目睹了一场有记录以来最大的太阳耀斑爆发。超过500亿吨的高能带电粒子被太阳喷出，在很多离两极很远的城市都可以目睹到绚丽的极光。以至于许多科学卫星和通信卫星不得不暂时关闭，少数还遭到永久性的损伤。虽然这离人类的灭绝还差着十万八千里，但不管怎么说，这证明太阳确实会产生一些人类目前尚无法预测的行为。以人类目前的理论知识，我们已经能够较为精确地建立太阳的物理模型，可以准确地计算出太阳的表面温度、寿命、活跃周期等各项基本性质，并且都得到了直接或者间接的观测证据。总体来说，太阳成为整个人类突然灭绝的罪魁祸首的可能性非常非常低，我们的太阳正处于最为稳定的主星序期，还可以稳定地燃烧50亿年。因此，我们基本上不需要为此制定预案。退一万步讲，即便是真的要发生《末日预言》中的那种规模的太阳耀斑爆发或者氦闪，那也不是任何预案能应对的，我们只能欣然赴死，在临死前看一眼人类历史上最壮观的太阳也值得了。

第二种死法：天地大冲撞。

在末日电影题材中，小行星或者彗星撞击地球的情节是出现非常多的。这的的确确是一种有可能灭绝全人类的危险，恐龙就是在6500万年之前的一次小行星撞击地球的事件中毁灭的。而最近的一次太阳系中的天地大冲撞发生在1994年，苏梅克-列维9号彗星撞上了木星，这是自从人类发明望远镜之后首次目击这种天文奇观。这颗长达5000米的彗星虽然被木星的潮汐力扯成了21块，但是给木星造成的疤痕比地球的直径还长，撞击释放出的能量相当于全球所有核武器加起来的750倍。如果这颗彗星撞上地球，则地球上的所有生命几乎无一能幸免。

这似乎是一个非常切实存在的人类灭绝危险。2013年，联合国大会批准创建“国际小行星预警小组”，这就具有了正式的官方背景，能够调动的资源大大提升。这个小组由联合国协调，由全球各地的科学家、天文台和空间机构组成，共享有关新发现小行星以及它们有多大可能撞击地球的信息。这个组织还将与救灾机构协作，帮助救灾机构确定应对小行星撞击的最佳举措。此外，联合国还将设立一个空间任务规划顾问组织，研究如何偏转朝地球飞来的小行星的轨道，相关研究结果也将同全球空间机构共享。联合国还有一个著名的组织，叫“和平利用外层空间委员会”，很多太空探索的国际公约都是这个组织起草的，它也是监测小行星威胁的主力军。如果未来一旦发现有可能对地球产生危险的小行星，也由该组织负责制定应对计划。

按照天文学家的估算，要对地球造成类似于6500万年前灭绝恐龙的破坏力，至少需要一颗直径10,000米的小行星。现在的好消息是，近日点距离在1.3天文单位之内的所有超过10,000米直径的小行星现在都已经被找到了。这也就意味着只要我们长期跟踪这些小行星，并建立准确的数学模型，应该就能做出长期的预测。

更加幸运的是，托福于人类天文观测技术的飞速发展，如果我们想对一颗小行星或者彗星施加影响，使之偏离撞向地球的轨道，也已经不是什么太难的事，更不要说在危机来临的时候，人类社会团结起来所能够爆发出的强大力量了。因此天地大冲撞导致人类整体灭绝的可能性几乎为零。这样的预案已经毫无意义，在预警时间内足够人类从容地根据小天体的各种性质来制定最佳应对策略。

但我必须强调的是，以上说的是那种大到足以灭绝全部人类的小行星。而如果仅仅是一次足以毁灭一个城市的天地冲撞事件，以人类目前的技术还无法完全避免，这样的风险依然是存在的。

第三种死法：生化危机。

在电影《生化危机》中，一种来自实验室的超级病毒瞬间把活人变成僵尸，僵尸又将更多的活人变成僵尸，整个地球陷入一片混乱，人类文明惨遭灭绝。这种死法显然比前面两种死法更加恐怖。自从人类认识到病毒的可怕以来，大规模的传染病暴发一直就是人类面临的危险之一。2003年爆发的SARS病毒让每一个中国人至今还心有余悸。但不管怎么样，这种危险还不至于上升到制定应对人类整体灭绝预案的高度，传染病的爆发总是从某一个点开始的，那么各个国家都应当有义务制定阻止传染病扩散的预案。同时，每个国家也都会有阻止传染病入境的预案。

第四种死法：超新星爆发。

在人类的文明史中，有过好几次关于超新星的目击记录，最有名的就是1054年的那次，留下了现在被称为蟹状星云的遗迹。在古人的笔下，超新星是充满了诗情画意的，并且往往喻示着一些美好的事物。但是，当天文学家在上世纪初次揭开了超新星的真面目后，我们才被这个宇宙中威力最大的“超级炸弹”所震惊，原来，超新星就是一颗恒星在晚年的自爆。天文学家们开始担心，如果有一颗超新星在距离地球100光年范围内爆发，那么地球上的所有生物都将遭到灭顶之灾。刘慈欣在他的科幻小说《超新星纪元》中就生动地描写了这样一次超新星爆发，那颗被称为“死星”的超新星发射出的强烈辐射击碎了所有人类的DNA，凡是13岁以上的人都将得白血病死去。这种灾难的来临是突然的、毫无征兆的。但幸运的是人类又躲过了一劫，天文学家现在已经可以有把握地说，人类至少在地球上不会遭到这种可怕的灾难。我们现在已经搞清楚了恒星的基本模型，对于恒星成为超新星的条件也已经研究得八九不离十了。天文观测已经证实，人类无须为超新星担忧，因为距离地球最近的超新星候选者是飞马座IK（HR 8210），距离地球150光年，但是它要成为超新星也是至少100万年以后的事情了。还有一颗著名的超新星候选者叫“参宿四”，距离地球600光年左右，据一些天文学家说最快1000年之内就可能爆掉，但这个距离也不会对地球造成什么影响。笔者此生的一大愿望就是在有生之年，目睹参宿四爆掉。

第五种死法：外星人入侵。

在威尔斯影响深远的小说《世界之战》中，虽然最后人类幸免于火星人的入侵，但这毕竟是地球人写的科幻小说，正义自然是站在地球人这边。正义战胜邪恶是小说的永恒主题，可惜正义还是邪恶却是由胜利者来定义的。外星人入侵的文学和影视作品我就不再多提了，那真是可以用多如牛毛来形容。我想探讨的是，这种可能性到底有多大，这是不是一个切切实实的危险。

通过阅读本书上部和中部，我们有理由相信外星人是一定存在的，不但存在，而且完全有可能是比我们先进得多的技术文明。星际旅行也是在人类可以看得到的未来中能够实现的技术。我们不得不得出这样令人惊讶的事实：在所有我们能想到的导致人类整体灭绝的突发性事件中，尽管听上去最像不靠谱的科幻，但是外星人入侵的确是相对概率最高的事件，并且是完全有可能发生的。

如果联合国要给人类制定应对灭绝预案的话，那么，针对外星人入侵的预案是应当被首要考虑的，并且是最值得做的。

这就是本书下部想要跟读者探讨的话题，如何抵御外星人入侵。

二 分析外星侵略者的目的

有些读者可能会认为这个预案完全是胡扯，凭什么外星人就是我们设想的那个样子呢？他们完全有可能是某种未知的生命形式，他们拥有的科技可能是我们地球人做梦都想不到的。

事实并不是如此，我们人类的文明发展程度以及对这个宇宙的认识可能完全无法让我们和某个先进的外星文明抗衡，但至少可以让我们做出一些理性的分析和合乎逻辑的推理。制定抵御外星人入侵的预案并不是一件没有意义的工作，相反，至少在可以查到的一些公开报道中，有传言美国和英国的国防部都有专门的小组在研究抵御外星人入侵的防御计划，这些小组中有来自军事、天文、物理、生物等各个领域的专家。不管你们信不信，反正我是相信确实有官方的预案存在。当然，官方的预案是不可能公之于众的，因为这是一份抵御外星人入侵的绝密计划，如果我们都知道了，那外星人当然也能知道，一份被泄露的军事计划自然就毫无价值了。

笔者既不是军事专家也不是科学家，下面所做的关于外星人入侵的分析仅供大家茶余饭后一乐。除此之外，不可能有更多的价值了，如果能博君一笑，也就足够了。

我们首先应当研究的问题是：“他们”为何而来？

一个外星文明怀着恶意跨越漫漫的星际空间，想要消灭全体人类，这到底是为什么呢？我想他们的目的无外乎三种可能性：

1.就是好玩。

2.掠夺资源。

3.星际殖民。

这三种目的是不是都靠谱呢？

先来看第一种目的，外星人消灭我们纯粹为了好玩。就好像我们小时候偶尔路过一个蚂蚁窝，看到一群蚂蚁正在那里忙忙碌碌的，于是一个邪念在脑中一闪，就对着那个蚂蚁窝撒了一泡尿。于是，整个蚁穴瞬间崩塌，无数的蚂蚁被泛滥的“黄河水”冲得半死不活。会不会某一天，一支外星人的舰队偶尔路过太阳系，看着我们人类你争我夺的，觉得很不爽，一个邪念闪过，就把人类给灭了。

虽说这种可能性不能完全排除，但从理性的角度来讲，这种可能性确实非常低。

首先，以我们目前天文观测的证据来看，虽然我们认为宇宙中技术文明的总量很大，但是这个宇宙更大，这些技术文明散落在广袤的宇宙中就会显得非常非常罕见和稀有了。试想一支远征的外星人舰队在宇宙中长途跋涉几万甚至几十万年，偶尔遇到一个技术文明，不说感动吧，至少会觉得是一件很稀罕的事情，就这么随手给灭了，似乎不太合乎逻辑。你可能反驳说，那这也只是地球人的逻辑，外星人凭啥也跟我们一样要有七情六欲呢？是的，这件事确实无法证伪，但我们毕竟是在这里做推测和分析，万事无法绝对，我们在探讨的是哪种可能性更大的问题。

然后，在漫长的星际航行中，最宝贵的东西无疑是能源，而能源的补给必须在一个恒星系中才能得到，最符合逻辑的恒星际航行的燃料是氢元素，通过氢元素的核聚变来产生巨大的能量。而宇宙中最多的物质就是氢，氢元素的丰度是74%，因此，外星人的星际飞船靠采集宇宙中的氢元素作为引擎的燃料是最有可能的。但你别看夜空中繁星点点，密密麻麻非常拥挤。实际上星际空间是非常非常空旷的。我打个比方，如果我们把太阳缩小到一个硬币大小，那么离我们最近的一颗恒星（比邻星）也要在563千米之外，差不多就是从上海到徐州的距离。把50枚硬币平均分布在整个中国的土地上，这差不多就是银河系中恒星的密度了。在这样一个空旷的宇宙中，能源该是多么宝贵，外星人仅仅是为了好玩，就要消耗大量的能源来给飞船减速，然后又要消耗大量的能源来摧毁地球，这个好玩的代价也未免太大了。

最后，如果外星人消灭人类的目的真的仅仅是好玩的话，那么，抱歉，人类的任何预案都没有半点用处，或者说，根本无法做出任何有用的预案。因为对于一个能够达到恒星际航行的技术文明来说，其对能量的运用已经远远高出了人类几个数量级，在这样的技术文明所释放的能量面前，人类是绝无防御能力的。

因此，对于抱着第一种目的而要消灭人类的外星人，我们除了祈祷，什么也做不了，下面的灾难预案对于探讨这个目的没有什么实际意义。

我们再来看第二种目的，也就是外星人是为了掠夺地球的资源而要消灭人类。这种想法初听上去似乎很有道理，但细细一分析，我们就会得出一些出乎意料的结论。

首先，我们来想想何为“资源”，俗话说物以稀为贵，要称之为资源，必然是宇宙中相对较为稀少的物质，那么才有掠夺的价值。像宇宙中最多的是占到可见物质总量99%的氢和氦，这两种物质显然不会成为外星人长途跋涉跑到太阳系中来抢的东西。在天文学家的分类中，氢和氦叫作轻元素，凡是原子量大于氦的，都叫重元素。重元素在宇宙中是相对稀少的物质，只有1%多一点。当人们刚刚发现宇宙中所有重元素都是源自于超新星爆发时，人们普遍认为重元素在宇宙中是非常非常罕见的。但是随着对超新星研究的深入，我们发现在银河系这样的星系中，平均每100年会诞生一到两颗超新星。银河系的历史超过100亿年，也就是说在过去的时间中，至少有1亿颗超新星爆发了。开普勒太空望远镜最近的观测数据已经证明，重元素遍布于我们的银河系。并且，其他恒星系也跟太阳系一样，遍布着各种形态的行星。

因此，外星人如果真的是需要掠夺矿产资源的话，那么宇宙中到处都是宝贝，根本不需要“掠夺”，只需要开采，地球上没有什么宇宙中罕见的矿产。再退一步讲，即使是在我们的太阳系，地球从元素的角度来说，也一点都不稀有，在太阳系中的行星、卫星、小行星、彗星上到处可以找到地球上能找到的一切元素。外星人犯不着非要冒着和地球人作战的风险来地球开采，尽管我们很弱小，但数量众多，也不是太容易对付的。

不过，地球上确实有一样在宇宙中非常稀少的物质，那就是有机物和蛋白质。但问题是，要说外星人大老远地跑到地球上就是为了伐木和打猎，这也说不通。因为即便以人类现在的技术文明，也可以轻易地合成蛋白质。而构成蛋白质的基本元素碳、氢、氧、氮等在宇宙中实在遍地都是。一个能达到星际旅行水平的文明，用几万年的时间跨越广袤的星际空间，来到地球上就为了掠夺一点蛋白质，这很难让人从理智上接受。

但有一个关键问题我们必须注意到，碳基生命，这是地球经过几十亿年的演化才繁衍出来的稀罕物质，从我们目前的天文观测中，我们可以证实，生命物质在宇宙中肯定是不多见的，人类迄今为止也尚未发现任何外星生命形式。我们也由此可以合理地推断出，越是复杂的生命形式，在宇宙中就越是稀罕。

我们前面就说过，只有稀罕的东西才能称为资源。那么，如果外星人确实是到地球上来掠夺资源的，那么最大的可能（或许是唯一的可能）就是掠夺“人”本身。虽然我们无法知道外星人把我们抓走有什么用，但我们人类本身确确实实是这个星球上最最复杂的生命形式，也是大自然最伟大的奇迹，我们的诞生至少要经过10亿年以上的进化。

我们得出的结论是：如果外星人抱着掠夺资源的目的而来地球，则他们要掠夺的资源不是别的，就是你和我。既然明确了这个目的，那么我们地球人是可以做一些切实靠谱的预案的，这需要一些勇于献身的勇士，核心点就是想办法把人类本身改造成威力巨大的武器，这个话题我们会在下一节讨论。

我们最后来看第三种目的，外星人是为了殖民而来。这是三个目的中最有可能的一个，从上一章的内容中我们知道，像地球这样的行星，在宇宙中确实是非常非常独特的，无数的机缘巧合，才诞生了这样一颗奇特的行星。如果外星人真的是抱着这个目的而来，则我们可以做出一些非常合理的推测：既然是殖民，那么就是看上了我们地球的环境，那就意味着外星人跟我们地球人差不多，他们需要大气、水和氧气，适应1g左右的重力，等等。这样一来，我们抵御外星人进攻的防御预案就不至于建立在完全没有根据的臆测上了。

下面就让我们根据上面的分析，来制定地球人的行星防御计划纲要。

三 行星防御计划纲要

（以下计划纯属虚构，如有雷同纯属巧合，想法可能幼稚，博君一莞尔。）

【封面】

计划名称：行星防御计划，代号A

制定单位：联合国星球安全理事会

负责人：001（经过安理会特别授权，可以向密码署查询负责人真实身份）

保密级别：最高机密（AAA）

启封时间：一旦确认非人类的技术文明正在飞往地球的途中或者有明确的证据表明外星人已经降临地球，无论能否确定外星人的意图，都立即启封该计划。

密封时间：2018年2月4日

【内页】

在我们人类发展出恒星际旅行的技术之前，我们必须对人类的技术文明与能够实现星际旅行的技术文明之间的差距有个清醒的认识，这种差距不是大小和多少的问题，而是文明级别上的差距。

在这种文明级别的差距下，人类的技术完全不具备与外星文明直接对抗的能力。我们的武器在外星人面前，如同现在的特种部队面对冷兵器时代的武士一样。得出这些结论是基于下面一些基本科学事实：

1. 一个能进行恒星际旅行的技术，最起码掌握了可控核聚变技术，最有可能的是掌握了制造、存储、运用反物质的技术，这两种技术已经是我们目前人类所掌握的基础物理理论知识的极限。不排除外星人已经掌握了更加属于“未来”的技术，这是我们人类不可想象的。

补注一：可控核聚变技术。

核聚变是太阳能量产生的根本原因，也是氢弹爆炸的原理，它和原子弹爆炸的原理正好相反，原子弹是利用重原子的裂变释放能量，而核聚变是两个较轻的原子核聚合为一个较重的原子核，并释放出能量的过程。自然界中最容易实现的聚变反应是氢的同位素——氘与氚的聚变，这种反应在太阳上已经持续了50亿年。虽然人类早在20世纪中叶就已经掌握了氢弹这种人工实现核聚变的技术，但这离真正的可控核聚变技术仍然相差很远。难就难在“可控”二字，尽管我们已经可以非常精确地控制核裂变的全过程，利用这个技术来制造核电站、核动力运输工具已经非常成熟。但是，控制核聚变的难度却要比控制核裂变的难度高得太多。关键原因在于温度，产生核聚变时，温度至少要达到上亿度，没有任何容器能够经受得住这种高温。所以，要掌握可控核聚变技术必须要掌握如何把核聚变产生的高温“约束”在某一个隔绝的区域，目前人类在理论上能找到的两种约束方法是惯性约束和磁力约束，在这里我们不再赘述其原理。我们只要知道，要能够大规模产生这种约束力相当相当困难。按照乐观派的估计，人类至少还要花200年左右的时间才能完全掌握可控核聚变技术，到那个时候，人类社会将彻底摆脱能源危机，能源将会成为这个星球上最廉价的商品。

利用可控核聚变技术进行恒星际旅行是目前人类理论知识体系中最现实的方案，因为核聚变的燃料在宇宙中大量存在，每一个恒星系都可以成为一个“加油站”。因此，如果我们发现外星飞船正在接近地球的话，这种文明至少要掌握可控核聚变技术。我们可以借由一些手段来确定，例如检测飞船尾迹中氦的含量等，但这些非常专业的工作应当都是科学家的事情，本文并不关心。

如果一旦确定外星文明确实采用的是核聚变引擎，我们基本上可以推测出以下一些事情：

第一，正向地球飞来的外星文明可以产生和控制远远超出目前人类能力范围的能量，这些能量既然可以用作星际飞船的航行，自然也能用作太空中的武器。

第二，外星人拥有可以隔绝上亿度高温的技术，这个技术足以抵挡任何人类的武器。

第三，按照最保守的估计，这个文明至少也比我们先进500到2000年。人类面对这样的文明如同我们自己面对尚未发明火器的古人。

补注二：什么是反物质

反物质的概念最早是由20世纪著名的物理学家狄拉克提出来的，他在20世纪30年代的时候预言，每一种基本粒子都会有一种除了带的电性相反，其他性质完全相同的“反粒子”。例如我们都知道电子带负电，质子带正电。那么反电子就是带正电的电子，反质子就是带负电的质子。这个预言一直到60多年后的2010年才由位于日内瓦的欧洲大型强子对撞机（LHC）证实。这些反粒子被统称为反物质。当反物质与物质接触的时候，将会瞬间湮灭，所有的质量全部转换为纯能量，这是迄今为止在人类的理论体系中，能量转换效率最高的物理过程。反物质与物质的湮灭产生的能量可以严格地按照质能方程$E=mc^2$计算出来。因此，通过正反物质湮灭产生能量的效率远远高于核聚变，但以人类目前的理论水平，还找不到大量产生反物质的方法。因此，如果外星人掌握的是反物质发动机引擎的技术，那么人类与该外星文明在技术等级上的差异将是两个数量级上的差异。

利用反物质发动机进行星际旅行是目前人类知识体系中的极限技术，我们对宇宙规律的认知也只能达到这一步。如果人类科学家在外星飞船的尾迹中几乎未检测到任何物质，那么，我们有理由推断该外星文明已经达到了制造反物质发动机的文明高度。则我们有充足的理由相信以下一些事情：

第一，不管是用作武器还是推进力，该级别的外星人已经不再关注能量。因为他们已经可以随心所欲地在物质和能量之间转换，在他们的眼中，任何物质都可以变成能量，任何能量也可以变成物质。

第二，凡是靠能量来实现攻击效果的武器在外星人的技术面前都不能称为武器，因为接收到的能量可以被轻易地吸收和利用。人类的武器不论是大刀还是核弹，在他们的眼中完全没有区别。

第三，按照最保守的估计，这种文明与人类文明的差距至少应当以万年来计算，人类面对这样的文明与我们面对刚刚直立身体行走的猿人时的情况差不多。

能够造访地球的外星文明，掌握了反物质发动机技术的可能性甚至要高于核聚变发动机。这是因为，如果是核聚变，其质量和能量的转换效率也是相当低的，大约只能将4%的质量转换为能量，由于恒星之间的距离非常大，为了携带足够的燃料，外星飞船也必须建得非常大，而更大的飞船意味着更大的质量，也意味着要消耗更大的能量才能带来加速度。也就是说，从理论上来说，采用核聚变发动机的飞船不可能达到非常高的速度，按照我们的估计，能达到光速的百分之一已经是极限。那么用光速的百分之一来进行恒星际之间的旅行，每一趟航程都将以数千到数万年来计算，而银河系是如此广袤，从概率的角度来考量的话，我们会发现在人类文明史这样短暂的时间中，想要被外星文明造访一次的概率将会非常非常低。而一旦掌握了反物质发动机的技术，则飞船就可以小得多，燃料的体积和质量都会大大减少，这意味着飞船能达到比核聚变发动机快得多的速度。按我们现在的估计，反物质发动机驱动的飞船应该能达到光速的十分之一，甚至更高。这就意味着，对于这类文明等级的外星人来说，进行恒星际旅行是以数十年到数百年来计算的，这样地球被这类文明造访的概率就会比上一种情况大得多。

再讲得远一点，从理论上说，制造和打开虫洞是最快速的时空跳跃的方法，虽然我们人类尚没有理论去实现这一想法，但我们至少可以肯定这需要巨大的能量，而要产生如此巨大的能量，以我们现有的知识，只能靠反物质。

因此，首个造访地球的外星文明最有可能是比地球多进化了数万年的文明，他们能够生产和利用反物质。人类千万不要去试图攻击该类外星文明。

2. 一个能进行恒星际旅行的文明，他们的飞船必然拥有极其强大的自我防御能力。这是因为在宇宙航行中，飞船的速度必然非常高，最少也得达到百分之一的光速。在这种高速下，宇宙中的所有基本粒子和宇宙尘埃相对于飞船来说，都好比是一个个的高能粒子。那么要防止这些高能粒子对飞船中的人和物造成破坏，飞船就必须拥有一层“防护罩”以阻挡星际空间中基本粒子的袭击，而强磁场是最好的防护罩。我们知道，这些高能基本粒子也就是强辐射，外星人必然掌握了如何抵御强辐射的方法，才能进行高速星际旅行。目前人类掌握的威力最大的武器是核弹，核弹的破坏力主要来自三个方面：冲击波、高温和强辐射。但是，如果核弹是在太空中爆炸的话，那么所有的能量几乎全部以辐射的方式释放，这是因为冲击波的产生必须要依靠空气，而太空中的几乎绝对零度的低温也使得高温能维持的时间非常短暂。所以，如果人类试图在太空中朝外星飞船发射核弹来消灭他们的话，这几乎是痴心妄想，因为我们的核弹所产生的辐射量还远不如星际飞船在达到亚光速时所承受的巨大宇宙辐射。我们必须认清这样一个事实，如果我们观测到飞向地球的星际飞船的速度越高，则表明它的防御能力也越强。

3. 一艘恒星际飞船，必然具备超级强大的远距离探测能力。虽然宇宙极为空旷，但我们人类通过天文观测已经知道，宇宙中其实存在大量的小行星和彗星。最近的观测甚至表明，在恒星系与恒星系间的宇宙空间中还存在着大量的不围绕任何恒星旋转的“流浪行星”，这些行星的数量甚至要大于恒星系中的行星。那么，为了避免在高速航行中撞上这些天体，星际飞船必须具备强大的远距离探测能力，必须要在距离星际飞船非常非常远的位置发现航线上是否有天体，是否有可能撞上流浪行星。这种探测能力远远超出我们人类目前所掌握的远距离探测技术。所以，星际飞船在进入我们人类的视野之前，必然早就对我们的地球了如指掌，他们的探测能力要远远强过我们，我们的任何拦截行为都不可能不被对方提前得知，当我们的导弹飞离发射井的那个瞬间，外星人就已经做好了应对的准备。

作战理论：

直接的正面抵抗是毫无意义的。这是一场非对称战争。所有的防御计划必须建立在非对称作战的理论指导下。

所谓的非对称战争指的是交战双方力量不对称，技术不对称，往往一方对另一方在各种战争资源、力量、技术上具有压倒性的优势。强大的一方看上去无比强大，而弱小的一方看上去毫无胜算。但在人类的战争史上，也不乏非对称战争中弱小的一方最后取得胜利的例子。例如在20世纪60年代爆发的越南战争中，交战的美国这方不论是从经济实力还是技术实力上都远远优于越共方面，但是美国人最后在越南战场上不但没有达到其军事和政治目的，还付出了极其惨重的代价。

在非对称战争中，弱小的一方想要战胜强大的一方，必须要首先放弃一切常规战争中的战略目标。化整为零，以游击战作为主要作战方式。作战以消灭敌人的有生力量为主要目的。不建立固定的根据地，不占领军事目标，以破坏敌人的军事设施为主要打击手段。这种作战方式很像二战期间中国共产党的军队采用的抵抗日军的作战方式。

作战的第一阶段：就地解散。

一旦本计划启封，所有人类的作战部队必须就地解散，越快越好，以不超过50人为一个小队，拥有各自独立的指挥系统，迅速往山区撤离。

第一阶段的战略总结为四个字：隐藏自己。

在与外星文明遭遇的最初阶段，我们必须清醒地认识到：任何抵抗都是徒劳的。我们在明处，而外星人在暗处，我们完全无法知道外星人的具体形态，更不可能了解他们的攻击和防御的方式。基于前面已经阐述过的理由，我们只能肯定一点：外星人的科技远远高出地球文明。

不要试图用你认为可能有效的任何地球人的攻击方式去攻击外星人，那样做只会让你招来杀身之祸，让地球文明损失一个宝贵的有生力量，不会有任何好处。

亚洲，尤其是中国，山地特别多，因此特别适合作为隐藏有生力量的根据地。

放弃所有的大型军事基地，这些基地目标太大，不可能在外星人的攻击下幸存。放弃所有的城市，不要与外星人在城市中直接作战，这种行为不但会摧毁我们将来反攻外星人的重要补给地，也会直接造成大量平民的伤亡。

用最快的速度把所有能搬运的武器、弹药、军事后勤装备全部搬到就近的山区中分散储藏。此时整个地球人类都是同盟军，不要介意将来这些武器装备会被何人使用，只要保留下来，隐藏起来，就有可能成为日后的重要战略物资。因此，最重要的是尽可能分散，越分散越好，以各种形式储存在一切可以用于储藏的地方，例如森林、山洞、河谷、海底、天然坑穴，等等。如果全世界的所有军队同时开始迅速地疏散物资，必定能赶在外星人摧毁这些物资之前保留很大一部分。分得越散，越容易让敌人失去主要进攻目标，同时造成敌人的犹豫，为人类争取宝贵的时间。

牺牲是不可避免的，在遭遇的初期，我们的军事基地、城市必然会遭受毁灭性的打击。我们只能直面现实，不要存任何侥幸心理，必须执行一个字：跑。

作战第二阶段：侦查。

成功幸存下来以后，我们最重要的任务便是搞清外星人来地球的目的。即便他们来到地球后表达了善意，我们也绝不能掉以轻心，因为我们并不知道他们是否在撒谎，或许这正是一个将人类一网打尽的阴谋。因此，在与外星人正面接触的同时，疏散工作不能停止，要继续坚定地执行原计划，尽可能做最坏的打算。俗话说，害人之心不可有，防人之心不可无，这在与外星文明的接触中显得尤为重要。

如果外星人一到达地球，立即开展大规模的军事行动，我们必须忍耐，绝不能轻易出击。我们必须小心翼翼地观察外星人攻击的形式和他们采用的武器。通过观测攻击方式，我们可以判断出外星人的能量产生方式，这对我们将来的反击有着重要的意义。

从大的方面来说，我们必须首先搞清楚外星人的目的是掠夺资源还是星际殖民。基于之前分析过的原因，如果外星人是为了掠夺资源，那最大的可能是掠夺我们人类本身，我们要基于这个前提去小心求证。

如果外星人是为了星际殖民而来，那么必然会有一个显著的特征，他们不会大面积破坏地球的自然环境。他们的攻击一定会非常精准地打击人类的军事力量，而对于民用的基础设施会有意避开。

一旦当我们确定外星人的目的是为了来“抓人”，那也就确定了反攻外星人的大方向，就是：组织敢死队，把每一个单独的个人改造为威力巨大的武器。研究便携式小型核弹将成为人类反攻外星人的首选，甚至要把小型化推向极致，比如可以藏于人类体内的小型核弹。越是能够藏于体内，越是有可能在外星人飞船的内部起爆。

如果我们确定外星人的目的是为了星际殖民，那么我们就应该非常清楚下一阶段的作战目的是要对敌人进行不断地骚扰。我们并不是一定要把敌人全部消灭才能取得最后的胜利，只要让外星人“不堪其扰”，觉得继续留在地球上殖民不如启程去重新寻找下一个宜居星球，也能得到同样的胜利。所以，对于目的是殖民的侵略者，我们必须下定决心，做好与敌人长久对抗的准备，想尽一切办法让自己生存下来，坚持不懈地进行游击骚扰，那么就有可能迎来外星人放弃地球的一天。

在了解了外星人的目的后，下一个重要的侦查任务就是搞清楚外星人的形态，弄清他们是生物体还是金属体。

如果是生物体，他们就能被我们的热能武器或者动能武器杀死。当然，我们需要进一步研究外星人的致命部位，这需要捕捉一个活体做实验。一旦找到了外星人的致命部位，要迅速在人类中间传播这个讯息，以提升全体人类战士的士气。

如果是非生物体，就很可能是像变形金刚这样的金属形态的智能生命，此时我们就必须明白常规的人类热能武器很难对其造成伤害。必须尽快搞清楚敌人是由哪种主要金属元素构成的，好在这个宇宙中已经没有人类不知道的化学元素了。此时，击败外星人的关键在于化学，人类的化学家必须尽快找到对这种金属元素构成致命腐蚀的化学制剂。一旦这种制剂的配方被确定，就要利用一切通信手段在人类中间传播，迅速组织生产这种化学制剂。

作战的第三阶段：反攻。

在人类确定了外星人来到地球的目的以及外星人的基本形态、科技情况等基本情报后，就可以组织实施对外星人的反攻作战，反攻作战要分成几个步骤来实施。首先是试探性的骚扰作战，主要目的是进一步验证以上情报的可靠性，寻找给敌人造成伤害的最有效的方法。在这个过程中我们一定会有大量的牺牲，但这些牺牲也一定会换来对敌人的深入了解。另外，人类还要把分散在世界各地的作战单元联结在一起，逐步形成统一的作战指挥体系。我们要寻找到最安全、高效的通讯方式，在敌人强大的科技文明下面一定也会有漏洞，我们要捕捉到敌人的漏洞，建立属于人类特有的信息传递方式。

随着与外星人作战频率的增加，随着对敌人了解的深入，我们就可以开始制定人类最终的大反攻计划。作战的第二步就是对大反攻计划中的每个细节进行验证。

如果外星人的目的是掠夺人类本身。

那么我们大反攻计划的终极目标是要将一个个“炸弹人”送上外星人的基地和飞船，最终同时起爆，让敌人措手不及。为了实现这一终极目标，必须把实施过程细分成很多环节。我们必须搞清楚人类在被外星人捕获后的遭遇，才能知道该如何欺骗外星人使之相信“炸弹人”是一个他们需要的“普通人”。还要搞清楚外星人基地或者飞船中的内部结构，仔细计算需要多少个“炸弹人”同时起爆才能造成致命的打击。类似这样的细节问题会有很多很多，必须不厌其烦地把我们的计划分解到很细，确保对每一个环节都模拟测试过。

如果外星人的目的是为了殖民。

那大反攻计划就是以消灭敌人的有生力量和破坏敌人的基地、飞船为终极目标。这会相当艰难，在敌人强大的科技面前，我们就像冷兵器时代的原始人面对现代化的机械部队。虽然技术上完全处于下风，但我们依然不能放弃信念，因为冷兵器同样可以杀死敌人。经过漫长的第一步骤作战的大量牺牲，我们此时已经找到了最有效杀死敌人的方法。我们的武器虽然远远落后于敌人，但我们肯定拥有一个巨大的优势：我们是这个星球上经过几十亿年演化出现的生物，我们一定比外星人更适应地球的环境。他们再先进也不可能刚好完全适应地球环境，必然要借助一些特殊的辅助维生设备来维持在地球环境下的生存，而这就是我们的机会。敌人的飞船和基地也一定需要后勤补给，而来自遥远星际的外星人不可能得到来自本土的补给，一定是直接利用地球上的资源。那么，搞清楚敌人的补给来源，然后破坏、骚扰，也将成为人类的机会之一。

大反攻是地球人取得最后胜利的决定性战役，反攻计划要经过长达数年的精心策划，每一个环节都需要得到验证，以确保所有环节都能环环相扣。决战的关键在于所有人类的分散作战单元能够有效地协同作战，从地球上的各个角落同时出现，对外星人的基地、飞船实施打击。我们必须要拥有这样的信念，人类在这场与外星人的非对称作战中是有可能胜出的，之所以有这个可能，并不是因为我们的盲目乐观和妄想。我们与外星人最大的不同在于，地球是我们的唯一，而对于能够跨越星际空间来到地球的外星人，地球并不是他们的唯一选择，他们既然能找到地球，就一样能找到别的宜居星球。从这个意义上来说，地球人必然会战斗到最后一人为止，因为我们完全没有选择。而外星人则不必跟我们一样非要战斗下去，他们有其他选择。所以，只要人类能坚定不移地不断对外星人实施打击，就有可能让外星侵略者觉得继续在地球上与人类周旋性价比太低，不如去寻找另外一个宜居星球来得划算。当然，我们都知道地球在宇宙中绝对是一颗稀有而珍贵的行星，想要让外星人放弃绝不是一件易事，因此，付出巨大的牺牲是必然的，但绝不能放弃信念，延续人类的文明是每一个作为人类这个物种的个体的神圣使命。

四 外星人防御计划的最高纲领

在与外星人的接触中，我们必须竖立一个正确的最高纲领，人类的任何行为都应当不与这个最高纲领相冲突，那就是：

延续人类文明是我们唯一的最终目的。

对于人类来说，我们有几种不同的生存方案。第一种称为强生存方案：他们走，我们留下来。这当然是最好的一种生存方案，这表明人类在这场终极战斗中取得了最后的胜利。我们或是消灭了他们，或是成功地迫使他们离开地球。但是，我们必须清醒地认识到，这种强生存方案很可能是希望最渺茫的一种生存方案。我们必须考虑第二种生存方案。

那就是次强生存方案。也就是我们走，他们留下来。我们可以走到哪里去呢？在太阳系中，最佳的次生存地就是火星。以人类目前可以展望的技术，我们完全有可能将火星改造成适合人类生存的宜居行星，但人类的人口在很长一段时期内只能维持在一个很低的水平。除了火星，木星和土星的卫星也是我们可以选择的次生存地，尤其是木卫二欧罗巴和土卫二恩科拉多斯，它们表面是巨大的冰层，冰层下面有液态水构成的海洋，生存环境与地球上的北极相似。不过次强生存方案成功的可能性也不是太高，因为要说服外星人，让地球人在太阳系中保留一片居住地，从本质上来说是一种交易，而人类现在似乎找不到可以对等交换的东西。但现在没有并不说明一定没有，在与外星人长期的战斗中，或许我们能找到对方需要的东西，那这种交易，也可以称为和谈，就会成为可能。一旦找到了可以与外星人交易的东西，不管是有形的还是无形的，我们都应当积极开展对话，始终牢记延续人类文明是我们的最高纲领。在努力寻找次强生存方案的同时，我们必须为弱生存方案做努力。

第三种弱生存方案，被称为星舰文明。如果在太阳系中也找不到立足之地，我们只能离开太阳系，飞向茫茫宇宙的深处。要实现这个弱生存方案，关键技术有两项，一个是可控核聚变技术，一个是自循环生态系统。这两项技术都不是人类不可企及的远未来技术，我们已经处在了这两项关键技术突破的前夜。一旦外星文明飞向地球的事实被确立，人类必须集中全世界的力量投入这两项技术的研发中。从人类发现外星人的飞船到外星人抵达地球的这段时期，被称为备战期，以人类文明目前达到的高度，这段备战期少则几年，多则几十年甚至上百年。如果全球的资源在备战期向这两项关键技术倾斜，估计可以在10年左右达成实用化。如果此时依然处在备战期，人类社会应当迅速组织一支文明火种队，开启向宇宙深处的远航，很可能是一次没有归期的远航。航行的方向应当是迎着外星飞船飞向地球的方向，而不是朝着外星飞船前进的方向逃离。因为尽管我们的飞船在航行初期会与外星飞船越来越近，但运动的方向是相反的，外星人的飞船如果要追上我们，必须先减速再加速追赶，如果我们的航行方向和外星飞船一致，则他们只需要分出一艘飞船继续加速追赶，他们已有的速度不会有丝毫的浪费。所以，航行的方向千万不能搞错。

但弱生存方案想要成功也依然困难重重，首先面临人类本身的道德问题，谁走谁不走是一个很容易引发全社会争论的话题，在实际操作上也会面临巨大挑战，但还是有可能成功。因为在备战期我们不能确定外星人来地球的真正目的，恶意和善意的可能性都存在，此时坐上恒星际飞船逃离地球，冒九死一生的风险与在地球上被外星人消灭的风险并无本质区别。所以，人类社会的道德壁垒并不会非常坚固，总是会有自愿走和自愿留的人。不过，我们必须认识到，最大的可能性是人类在备战期实现了关键技术的突破，但距离真正建造出可供几百甚至上千人乘坐的恒星际飞船还有非常大的差距。那么此时，我们就应当实施次弱生存方案。

第四种次弱生存方案，也被称为文明播种计划。同样是逃离太阳系，但是宇宙飞船上装载的并不是人，而是人类的精子和卵子，也可以是其他人工形式保存的人类DNA信息。在这种情况下，宇宙飞船的载荷需求就可以大大降低，飞船的质量也可以大大降低，那么就更容易达到恒星际航行所需的速度。每一艘这样的飞船都是一艘人类文明的播种机，目的就是寻找宜居行星，然后播下人类的种子，哺育人类的婴儿，使其在新世界繁衍生存。当然，这样做面临的技术挑战也非常大，但相比于载人恒星际飞船来说，技术难度要小一个数量级。随着人工智能的迅速发展，由其将人类受精卵哺育成10岁左右能自食其力的儿童，也并不是无法想象的技术。集全球之力，把这项技术与可控核聚变、自循环生态系统同时投入研发，是有可能同步完成的。

第五种文明漂流瓶计划。将人类文明的一切信息都数字化，包括人类的科学、艺术、文化、历史、哲学，还有地球上包括人类在内的各种物种的DNA序列信息全部数字化存储在芯片中，搭上宇宙飞船，向宇宙的深处飞去。这种宇宙飞船，只能称为一个文明的漂流瓶，它不是文明本身，却有可能在更加高级的外星智慧文明的帮助下复活，虽然只存在理论上的可能性，但毕竟为人类文明的延续保留了最后的一丝希望。这个计划应当从备战期开始就反复实施，人类技术水平每上升一个台阶，就重复实施一次，用更高速的飞船搭载更多更详细的文明数字信息，向不同的宇宙方向发射再发射。但应当注意一点，不能在这些数字信息中包含任何太阳系在宇宙中位置坐标的信息，如果不注意，很可能会给地球引来另外一场灾难。

最后，我想再次强调，最高纲领决定了人类所采取的行动。如果最高纲领并不是延续人类文明，而是与地球共存亡，那人类所采取的措施也会完全不一样。在笔者看来，没有什么比延续人类文明更加重要的了，如果为了这个目的，我们不得不暂时放弃人性，那我会选择暂时放弃人性。2007年8月26日，在成都的科幻大会上，刘慈欣与交通大学的江晓原教授有一次对话。在这次对话中，刘慈欣就提出了一个思想实验，他问江晓原，如果在某种特殊的情况下，我们俩只有吃掉美丽的女主持人才能让人类的文明延续下去，你吃还是不吃？江晓原表示坚决不吃，宁愿放弃整个人类文明。而刘慈欣为了人类文明的延续，坚决要吃。这种问题，恐怕已经上升到了哲学的终极命题的高度，各自的选择似乎都有道理。我也公开表明我的立场，坚定地站在刘慈欣这一边，如果有必要，我还愿意让他再把我也吃掉。

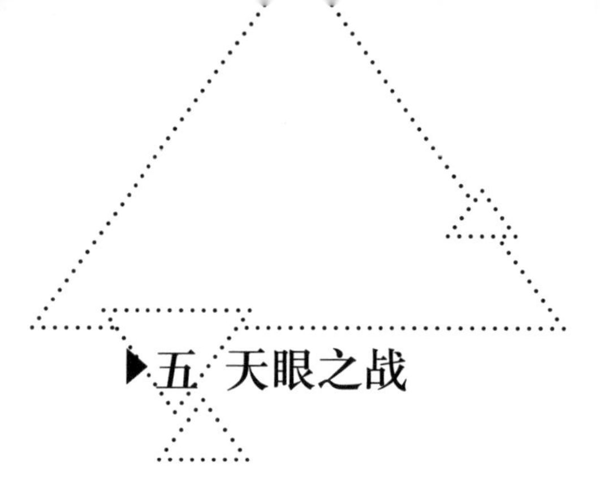

五 天眼之战

（本节内容均为虚构，是一篇科幻小说。）

天眼

公元2019年10月1日，中国贵州，黔南州平塘县。

在北京举行中华人民共和国成立70周年的盛大阅兵仪式的同时，贵州省的这个偏远的山谷中却集中了全世界几乎所有知名的天文学家。

全世界最大单口径的射电天文望远镜“中国天眼”终于在今天迎来了落成的日子，国际天文联合会（IAU）的主席贾斯比博士亲自来到贵州为天眼剪彩。

经过整整12年的建设，“天眼”终于将在今天正式启用。这台超级射电望远镜其实就是把一个巨大的天然山谷规整成一个标准的锅型，它的接收面积足足有30个足球场那么大，在它巨型的抛物面上贴了102万片纯铝片。在天宫一号上也能用肉眼看到这口全球最大的“铝锅”反射的光芒，它毫无疑问将成为21世纪人类最伟大的工程之一。

天眼的建成是全球天文界的一件盛事，同时也是全球SETI（地外文明搜寻）爱好者的盛事，因为天眼一下子把人类寻找外星人的能力提高了50倍。

汪若山

汪若山博士，42岁，天眼SETI项目的首席科学家，毕业于美国康奈尔大学的射电天文学专业，师从美国最著名的射电天文学家法兰克·德雷克，曾经在美国阿雷西博射电天文台工作过5年。他在30岁的时候以一篇《系外行星大气层的射电天文实证》的论文引起了全世界同行的关注，在这篇论文中，他第一个提出了一套利用大型射电天文望远镜观测到系外行星大气存在证据以及分析大气成分的方法。

汪若山从小就是一个外星人迷，喜欢看跟外星人有关的一切书籍和电影，特别是投在了导师德雷克门下攻读研究生后，受大师德雷克的影响，对寻找外星人就更加痴迷了。

能够成为天眼射电望远镜的SETI项目负责人是汪若山这辈子最大的梦想，为了能够竞争到这个职位，他付出了极大的努力。不但在学术上要能够通过严苛的考核，在心理素质上也必须通过极为复杂的审查流程。对该职位负责人的心理素质的审核其实是对汪若山在信念上的一次全面考核。

这是因为经过半个多世纪的大辩论，最终反METI派占据了绝对上风。他们推动IAU通过了SETI国际公约，禁止一切未经授权的METI行为。

而掌握了像天眼这样的大型射电天文望远镜控制密钥的这些人被IAU称之为“信使”，“信使”必须在信念上完全支持SETI国际公约。而汪若山则是所有“信使”中安全级别要求最高的，因为他所掌握的天眼的综合性能是排名第二的阿雷西博的50倍。

IAU为了防止误操作或者“信使”的心理失控，制定了一整套极为严格的流程来限制天眼对外发射信息，流程之复杂，规定之严格，不亚于核大国启动对他国全面核打击的流程。

然而，这个世界上只有两个人知道汪若山其实在内心深处是一个坚定的METI拥护者，一个人是他的导师德雷克教授，另一个人则是汪若山自己。

德雷克

此时的汪若山正坐在自己的办公室中打开平板电脑，一封带有IAU标志的加密公函正提示他阅读。打开之后，首先跳入眼睛的是美国国家航空航天局（NASA）的蓝色标志。汪若山心念一动，他知道，这或许就是他期待已久的那封邮件。

汪若山打开邮件阅读起来，没错，这正是他精心计算了5年之久的那个启动计划的关键邮件。他知道这封邮件迟早会来，但是真当它出现的这一刻，他依然忍不住有些紧张。

这是一封NASA通过IAU转发过来的希望取得天眼帮助的正式公函，信的内容很简短：

尊敬的汪若山博士：

我们在1977年发射的旅行者1号探测器已经到达电力的极限，我们所有的射电望远镜能够发射的信号功率都已经达不到它能接收的信号功率下限。我们希望取得天眼的帮助，替我们向旅行者1号发送必要的指令。

谢谢。

NASA

汪若山把这封邮件读了好几遍，这是一封意料之中的邮件。此时，他陷入一种极为复杂的情绪之中，6年前的往事浮现在他的脑海中。

6年前，在德雷克教授的家中，汪若山与老教授有过一次长谈。

已经80多岁高龄的德雷克教授精神矍铄，在天文界也仍然活跃。作为SETI事业的奠基人，德雷克在20世纪60年代提出的外星文明与地球文明接触可能性的估算公式影响深远。

汪若山敬重老教授如同敬重自己的父亲，师生有着相当深厚的感情，这次时隔多年再次相见，自然有许多话要讲，但很快，三句话不离本行，俩人又谈起了外星文明的话题。

汪若山说："教授，这里只有我们两个人，我很想问您一个私人问题。"

德雷克抬抬手："但说无妨。"

"40年前，在您的主持下，人类朝武仙座M13球状星团发射了阿雷西博信息，您现在有没有一点后悔呢？"

"你希望我后悔吗？若山。"

"教授，我也知道这是个伪命题，再去谈后悔不后悔已经毫无意义。我只是想知道这么多年来，您的观点是否有了变化？"

德雷克露出一个微笑。"有变化。但恐怕要让你失望的是，我比40年前更加感到METI的迫切，而不是后悔。"

汪若山问："为什么？"

德雷克反问道："你觉得一个落水的孩子能靠自己的力量获救吗？"

"很难。"

"是的，想要自己学会游泳而获救，很难，他需要别人帮助。这40年来，我没有看到人类在一点点学会游泳，恰恰相反，我们越陷越深。仅仅40年，森林减少了一半，而沙漠增加了一倍，越来越多的国家拥有了核武器，毁灭世界的核按钮从两个增加到了8个，温室效应已经导致全球气温升高了两度，干净的饮用水源减少了30%，还要我再说下去吗？"

汪若山叹了口气："这些确实是令人痛心的事实，但外星文明就一定能成为人类的救世主吗？"

"我不知道，正如你也不知道人类是否一定能自己学会游泳一样，我们都不知道。我只知道这个世界越变越糟糕，我们总该为此做点什么吧。"

"但METI的后果可能是人类的灭顶之灾，至少，这个风险是存在的。我们值得去冒吗？"

德雷克看着汪若山，缓缓说道："孩子，我坚信一个能够跨越恒星际空间到达地球的文明至少是一个彻底解决了能源问题的Ⅱ类文明，我们在他们眼中只是宇宙动物园中的一头珍稀动物，我实在想不出一个Ⅱ类或者Ⅲ类文明去灭绝宇宙间如此稀有罕见的生命的理由。是的，我确实给不出证据，但这无关证据，这是我的信仰。人类文明是一个已经落水的孩子，我们应当大叫一声：'Help!'"

汪若山突然显得有点激动。“教授，我想告诉您一个秘密。”

“什么秘密？”

“我也是一个坚定的METI拥护者，但是我从来没有对外界暴露这一点，因为我决定要去竞争‘信使’。”

德雷克显得有点吃惊。“若山，你一直是以一个反METI者的面目出现的，你是怎么突然转变的？”

“教授，实不相瞒，我的观点其实早在跟您读研究生期间就形成了，但我一直把自己扮演成一个反METI者，那是因为我有更长远的考虑，我需要寻找实现自己信仰的机会。”

“我感到非常意外，那么你自己是怎么看待那些针对METI的普遍质疑的？”

“虽然我跟您一样，支持METI，但是，我跟您的理由却很不一样。我承认METI的风险，但在我看来，METI是现在人类文明能够给自己在宇宙中留下一点足迹的唯一方式。换句话说，我想建立一个太空中的地球文明博物馆。”

德雷克这次是真的吃惊地望着汪若山。“实在想不到，你竟然有这样的想法！”

汪若山站起身走到窗前，望着碧蓝的天空，说道：“这个宇宙中有生就有死，文明也不能例外。地球文明在浩瀚的宇宙中如同一颗小小的火苗，只需要小小的一口气，就会把它吹熄。我们面临来自宇宙的危险，也面临来自人类自身的危险。我不知道人类文明还能存在多久，但作为人类的一分子，我希望我们这个在宇宙中或许仅仅是幼稚的婴儿文明也能留下我们存在过的痕迹。以我们现在的科技，想在地球上保存100万年以上的信息的方式只有一种，那就是石刻，而100万年对宇宙来说实在是短暂的一瞬，想要建立一座真正的人类文明纪念碑，我们必须把目光投向太空。”

德雷克说：“先驱者10号和11号，旅行者1号和2号，都已经把人类文明的痕迹带向了茫茫太空。”

汪若山回过头笑了一下，接着说道：“教授，我们不需要自己欺骗自己。人类的探测器哪怕在最理想的状态下，也需要至少两万年才能真正意义上飞出太阳系，而要飞到下一个恒星系至少也需要十几万年。如果遇到星际尘埃，探测器的速度会逐渐降为零，最后只不过成为太阳附近被尘埃包裹停滞不前的一块金属垃圾而已。或者，它的命运也逃不过被恒星或者黑洞俘获，永远地消失掉。这就好像人类在海边扔出一颗石子就以为石子会漂洋过海了一样。而我要用无线电波载着人类文明的信息，在宇宙中回荡，永久地保存下去。”

德雷克点点头说：“不可否认，你的这个想法很有意思。虽然从理论上来说，无线电波永远不会真正地消失掉，它们会在宇宙的虚空中无休止地传播出去，但是无线电波会扩散和衰减，恐怕不会像你想象的那样乐观，几十万甚至几百万年以后，它会微弱到不可能被其他文明所捕获。退一步说，即使有那种级别的文明存在，那么地球自发明无线电波以来，无数电台、电视的无线电信号已经在宇宙中扩散出去了。”

“有所不同，教授。我最近的一项研究已经从理论模型上证实，如果把一束特定频率的无线电波朝一颗恒星发射，只要功率达到一个阀值，这颗恒星就如同射电望远镜阵列中的一个，将会转发这束电波。于是，宇宙中的恒星就像一个个中继站，会形成链式反应，电波将在恒星之间被不断转发。人类文明的信息将被永久地保存在这束在宇宙中穿行的电波中，直到宇宙消失的那天。并且最有意思的是，经过我的计算，电波的路径会先在银河系中随机穿行，平均每1000年左右被一颗恒星阻挡从而被转发，改变路径，就好像是在台球桌上的一个撞球被撞向另一个方向，在这个过程中有一万分之一的机会直接飞出银河系，传播到下一个星系中。打个粗糙但是形象的比喻，这座电波中的人类文明纪念馆将在宇宙中旅行，在每个星系停留1000万年左右，中途经过200万年左右的旅行到达下一个星系。但我的这项研究成果并未对外公布，IAU也是不可能支持我的设想的。”

德雷克听完汪若山的话，沉默了良久，说：“我会为你保守这个秘密。”

方涵

汪若山的回忆被一阵敲门声打断。

“请进。”汪若山说。

推门进来的是一位年轻的女性，一头干练的短发，匀称的身材，显得非常健康而有活力。

她是汪若山带的博士后研究生兼行政助理，叫方涵，今年刚过30岁，但看上去就像20出头。她保持青春的秘诀经常挂在嘴边：“没什么神奇的，天天蛋奶素加天天运动，你也能跟我一样。”

方涵一进门便对汪若山说：“老板，IAU那边来电话了，让我来问问你NASA的求助函收到没？老外好像挺着急的。老板，什么事啊？”

汪若山：“NASA想请求天眼接管旅行者1号的测控，我会马上回复IAU，我个人没意见，很乐意承担这个工作，但还需要上级批复一下。你要知道，启动天眼的大功率定向发射不是我一个人做主就够的。刚好，你替我打一份报告给中科院的领导，把情况说明一下，争取领导的同意。别忘了把正面积极意义写得高一点，大一点。”

方涵：“收到，老板。你放心好了，本人最擅长从和谐社会以及国防大计两个角度同时论证该项目的深远意义。”

汪若山冲方涵笑了一下，这个年过30但总是脱不了大学生气息的女孩很会讨老板高兴。

方涵说了声“先闪了”，迅速消失在门后。

一周后，中科院批复下来了，正式同意该合作项目。很快，经过中美双方协商，该项目正式被命名为“握手计划”。这喻示着两层含义，一是表示中美两国在深空探索领域首次握手合作，二是表示天眼和旅行者1号的首次握手。

上级正式任命汪若山为握手计划的中方领导人，任命方涵为握手计划的首席联络官及新闻发言人。

任命下达后，汪若山和方涵两个人都各自忙起来。看起来这仅仅是对一颗美国人在40多年前发射的小小探测器的深空测控，但其实这里面牵扯到无数复杂的问题，有技术方面的，也有政治方面的。

旅行者1号是离地球距离最遥远的一颗人造物体，而天眼则是地球上最大的一台“发报机”，中美这两个超级大国在太空科学领域又是第一次正式合作，这许多个“第一”给握手计划披上了很多不同的外衣，也引发了各国媒体的高度关注。

方涵在私下的交际场合就像百灵鸟一样活泼机灵，但是一到正式的媒体新闻发布的场合，穿上职业装，就突然像换了个人一样，变得稳重和谨慎。汪若山对方涵的表现始终感到满意。

握手

在握手计划正式启动的一个月后，在多方的努力下，终于一切准备就绪，今天开始第一次天眼和旅行者1号的正式握手。

在正式握手前，会有个简短的仪式，来自中美双方的官员和IAU的高级代表均到现场参加仪式。

NASA代表将旅行者1号的指令解密芯片正式移交给汪若山博士，意味着旅行者1号的测控权限正式移交给天眼。根据合作协议，汪若山也将天眼信息监控通道的钥匙芯片交给NASA的代表，从此NASA也可以实时共享天眼收到的来自旅行者1号发回的信息。

汪若山将芯片插入主控电脑，沉着地发出口述指令：

“天眼朝向，赤经，17时30分21秒，赤纬，正12度43分。”

操作员回复：“已就绪。”

“1号机位开机。”

“正常。”

“2号机位开机。”

“正常。”

“指令校验。”

“通过。”

“发射！”

“已发射。”

汪若山转身朝方涵示意她可以发言了。

方涵对所有现场观摩的官员说：“请各位领导和同行们先回去休息。旅行

图3–1 天眼与旅行者1号“握手”

者1号目前距离地球153个天文单位，天眼的指令将在20小时27分钟后到达。再经过同样的时间，我们可以接收到旅行者1号的反馈信息，也就是说，第一次中美太空握手成功的消息将在40小时54分钟后向全世界宣布。”

现场响起了掌声，随后，人群渐渐散去。

汪若山对方涵说：“方涵，你也去休息吧，这几天可把你累坏了，我还要花点时间把所有的参数和指令数据再核对一遍。”

“老板，那我可就不客气啦，我这绷紧的弦总算也可以松一下了，明天见。”说完，方涵做了一个夸张的打哈欠的动作，朝汪若山做了个鬼脸，转身跑了。

汪若山微笑着看着方涵转身离去，他的笑容突然消失了，以一副非常严肃的表情坐回主控电脑旁边。

这是汪若山实施自己精心策划了5年多的计划的绝佳时期，在今天这样一个特殊的日子里，天眼会在接下来的40多个小时中始终处于热机状态，而IAU的代表和中美两国的官员都会忙于接受新闻媒体的采访。

在这段时间中，根据预定的计划，汪若山的操控权限会临时提高到6级最高权限，以应对第一次测控中随时可能出现的突发情况，第一次握手成功后，汪若山的操控级别就会降回到5级。

汪若山娴熟地操控着主控电脑，在输入了一连串的长口令后，调出了一个指令集文件，这是他精心准备了5年的一本地球文明纪念册，总共包含约10个TB的数据，里面集中了人类历史上在文化和科学两大领域的最精华部分。

这些数据全部发送出去，大约需要20多个小时。经过汪若山的精心计算，在不改变天眼的朝向的情况下，这些信息将会被发往距离地球14000光年的蛇夫座M10球状星团，在那里会有高于99.999%的概率被一颗恒星所转发。

汪若山按照自己已经演练过不知道多少遍的顺序，有条不紊地进行着天眼发射的复杂操作。终于，一切准备工作就绪，就差最后一次确认点击了。

汪若山的手在回车键上停了一下，心里默念了一声："渺小的人类从此在浩瀚的宇宙中终于有了属于自己的一小块纪念碑。"

汪若山果断地敲下了回车键。

天眼悄无声息地重新开始了工作，没有人觉察到。或许有人发现了天眼运转的一些信号，但是在今天这样一个特殊的日子里，没有人会对天眼的运转感到奇怪。

第二天，全世界的新闻媒体都竞相报道了天眼与旅行者1号握手成功的消息。这不仅仅是一条科技新闻，更多的媒体拿它作为政治新闻来报道。

脉冲星

两年后。

这两年来，汪若山带领的天眼SETI项目组以1000多万个不同频率对天空进行细致的扫描，已经对银河系中将近2000万颗恒星进行了定向探测。现在的瓶颈是数据分析的效率，尽管汪若山已经尽一切可能利用国内所有大型计算机中心的空闲时间对天眼收集到的数据进行分析，但效率还是不够。

方涵则仿照美国的SETI@Home计划，正在领导建立一个SETI@China的计划，试图把中国所有家庭的电脑和互联网企业的服务器都利用起来，在这些电脑和服务器空闲的时候协助分析天眼的海量数据。

但到目前为止，仍然没有找寻到任何外星文明信号的蛛丝马迹。对此，汪若山是有着充分的心理准备的，毕竟2000万颗恒星相对于银河系的几千亿颗恒星来说依然小到可以忽略不计。

除了SETI任务，握手计划依然在顺利地进行，天眼每天都要定期接收来自蛇夫座方向的旅行者1号传回来的信号。

今天接收到的旅行者1号信息中突然夹着一个特别的信号，这个信号的频率完全不同于旅行者1号使用的频率，若不是天眼超宽的监听频段，是不可能发现这个信号的。值班小组立即将此事报给了汪若山博士。

很快，汪若山和方涵都来到了测控室。

这是一个明显的脉冲信号，波长在1个纳米左右，间隔周期是4.29秒。

方涵："有点怪，从波长来看，这应该是一颗刚刚生成的脉冲星，但是间隔周期长得有点过分了。据我所知，我们已经发现的所有脉冲星的间隔周期还没有超过3秒的。难道是旅行者1号抽筋了？"

汪若山："不可能，旅行者1号从理论上来说，不可能产生如此高频的信号。信号源来自旅行者1号方向这是确定的，但从信号的频率和精确的间隔周期上来看，不像是非自然产生的信号。照理说应该是颗脉冲星，但这个间隔周期确实有点长了，不过，或许我们发现了一种新类型的脉冲星。而且，这显然是一颗刚刚诞生的脉冲星，要不是我们两年来长期盯着一个方向，是没有这么好的运气的。在我印象中，到目前为止，国际同行还没有宣布过类似的发现。"

方涵兴奋地说："太好了，我有种直觉，这颗脉冲星的发现将改写我们以往对脉冲星成因的认识。说实话，我对旋转灯塔模型一向就没有好感。老板，深入研究这个信号的任务就交给我吧，我对脉冲星一向很有兴趣。我申请给这颗脉冲星暂命名为'新蛋1号'。"

汪若山："行，希望你早日出成果，先设法搞清楚信号源与地球的距离。美国人应该得不到这个信号，他们只能共享到符合旅行者1号频率范围内的信号。"

方涵朗声说："收到，老板！"

方涵以极大的热情投入到了对"新蛋1号"的研究中，很快，她就有了一个重大的发现：新蛋1号的脉冲间隔周期在短短的一个月之内从4.29秒缩小到了4.26秒，并且以匀速持续递减。

方涵查遍了论文库，也没找到曾经有过类似发现，这似乎是人类第一次发现脉冲间隔以如此快的速度递减的脉冲星。

汪若山的推断是，这颗刚刚形成的脉冲星的体积还在不断地减小，为了维持角动量守恒，它的转速就必须不断增大，于是脉冲间隔就不断减少，这似乎恰恰印证了传统的旋转灯塔模型是正确的。

总之，方涵和汪若山对这颗新发现的脉冲星都非常感兴趣，但是在没有取得实质性的研究进展之前，他们没有急于向外界公布这一较为重大的天文新发现。两个人都希望能通过对新蛋1号的研究，改写人类对脉冲星的理论模型。

但新蛋1号到地球的距离却始终测量不出，他们尝试过各种方法，都宣告失败，在天眼的精度范围内，没法测量出任何脉冲频率的"红移"或者"蓝移"值。

直到一个偶然事件的发生。

新蛋1号

又过了一年，汪若山因一个国际交流项目应邀到阿雷西博射电天文台短期访问。

这个位于波多黎各山谷中的巨型射电天文望远镜曾经占据了世界第一的宝座长达50多年之久，它也是被人类评为20世纪最伟大的10个工程之一。

汪若山曾经先后在这里奉献过5年的青春，因此对这里的一草一木都充满感情。他对阿雷西博的控制台也极为熟悉。

这天，汪若山得到允许又重新坐到了阿雷西博的主控电脑面前，他熟练地摆弄着控制台，心中满是怀旧的情绪。他在电脑屏幕上极为自然地输入了新蛋1号的赤经和赤纬，这一年来，他一直高度关注着新蛋1号，所以想也没想就把新蛋1号的坐标信息输入了主控电脑中，并且把阿雷西博的接收频率调整到了新蛋1号的脉冲频率。

令汪若山没有想到的是，他居然什么也没收到。这怎么可能？汪若山心里默念一声，这个频率和坐标自己曾经输入过千百遍，那真是闭着眼睛也能输对的。

汪若山立即拨通了方涵的电话，“方涵，赶快看一下新蛋1号的状态。”

“怎么了，老板？你想知道什么数据？”汪若山着急的语气让她感到有些诧异。

汪若山说：“你马上看一下，新蛋1号还在不在？”

过了一会儿，方涵说：“在啊，一切正常，怎么了？”

汪若山说了声“一会儿再说”，就挂了电话。

他想可能是阿雷西博出故障了，否则不可能接收不到新蛋1号的脉冲信号。但是检查了好几遍，从所有的现象来看，阿雷西博都一切正常。

汪若山突然想起了什么，他立即在电脑中修改了坐标的数值，然后仔细观察信号读数。就这样，汪若山一边细微地调整阿雷西博的定位坐标，一边观察读数。很快，新蛋1号的脉冲信号出现在了电脑显示屏上。

汪若山倒吸了一口冷气，他盯着电脑屏幕上的坐标参数，快速做着心算。三遍心算之后，汪若山满头大汗地起身，回到了自己的房间。

他拨通了方涵的电话：“方涵，如果我没有搞错的话，新蛋1号和我们的距离我算出来了。”

方涵：“真的吗？老板。你用的什么方法？”

汪若山：“三角测量法。”

方涵：“什么？老板，你说的是三角测量法，开什么国际玩笑？”

汪若山：“我不是在开玩笑。我们被我们的惯性思维蒙蔽了，我们一旦认定这是颗脉冲星以后，就默认它距离我们非常遥远，三角测量法这种古老的测量远处物体距离的方法被我们从头脑中不自觉地过滤掉了。”

方涵：“你是说，阿雷西博看到的新蛋1号和天眼看到的有角度差？”

汪若山：“是的，有角度差。我已经计算出来了，新蛋1号距离地球不到1光年。”

方涵大叫一声：“老板！你说的是真的？这绝对不可能！”

汪若山冷静地说道：“是的，我也认为这绝对不可能，但是根据目前我得到的所有数据就只能得出这个唯一的结论。并且，它的脉冲间隔为什么会缩小，我也想通了，很简单，它在朝我们飞过来。”

方涵在电话中已经沉默了。

汪若山继续说道：“换句话说，新蛋1号是一个正飞向地球的会定期发出无线电波的物体，至于它到底是自然的还是非自然的，我不知道。”

方涵：“老板，你的意思是它有可能是一艘外星人的飞船？”

汪若山：“或者是一群。当然，也有可能真的是颗脉冲星。”

方涵：“我们应该马上通报给IAU。”

汪若山：“我马上就给贾斯比主席打电话。”

争议

自从汪若山向IAU报告了新蛋1号的情况后，地球上的所有射电望远镜全都指向了新蛋1号，很快，各种精确的数据被测量出来。

此时，新蛋1号位于距离地球将近4万个天文单位的奥尔特星云边缘，正以接近光速的十分之一的速度朝地球飞来，质量和体积仍然未知。如果按照目前的速度不变的话，新蛋1号将在6年后到达地球。

全世界的光学望远镜全都指向了新蛋1号，但无论是地面的超级望远镜还是太空望远镜，都无法在这个距离上看到它。

国际社会不断召开各种级别的会议，讨论各方对新蛋1号的看法，但始终未能达成共识，主流的观点大致有三种：

第一种观点，从新蛋1号发射的毫无智慧特征的信号来看，这应该是一个自然形成的宇宙天体，但是这个天体到底是什么无法确定。很有可能就是一个微型脉冲星，它应该会进入木星引力范围后被木星捕获，成为木星的一颗卫星或者就像1997年苏梅克-列维9号彗星一样一头撞向木星，但是撞击的威力会远远大于苏梅克-列维彗星，对地球会造成多大的影响尚无法确定。需要等新蛋1号离地球更近一点，能够被太空望远镜看到，计算出了体积和质量后才能确定。

第二种观点，新蛋1号是一个非自然物体，它发出的信号虽然没有任何复杂特征，但是其实起到一个定位导航作用，这个信号的工作原理类似于雷达回波，可以把这个物体精确地引导到地球来。至于它到底是一个探测器，还是一艘宇宙飞船，甚至是一个舰队，目前无法判断，因为它对于我们来说，除了这个信号以外，似乎是完全隐形的。国际社会应当立即向全世界各国政府发出预警，人类文明有可能在6年后首次接触地外文明。

第三种观点，新蛋1号是由外星文明发射的“导弹”，是一个精确制导武器。人类应当立即发出全球警报，一方面调集全世界的航空力量发射拦截火箭，一方面各国政府应当组织大规模的人员疏散，修建防空设施，以防不测。

这几种观点都无法给出足够有力的证据，因而很难说服对方，为此，国际社会争论不休，大会小会开个不停。

但是很快达成一个共识，立即由NASA朝新蛋1号发射一颗小型探测器，去获取更详尽的资料，在做进一步的决策前，至少我们要知道它的体积和质量。

在全世界的通力合作下，仅仅用了两个月的时间，探测器和超级运载火箭都完成了，在美国的卡纳维拉尔角发射升空，它将在4年后与新蛋1号以超过0.2c的速度擦肩而过。

这颗探测器被命名为“千里眼”。

千里眼

在千里眼飞向新蛋1号的过程中，全世界所有的望远镜，从光学的到射电的，从地面的到太空的，都把它们的指向对准了蛇夫座方向的不明物体。但是，我们除了能接收到它如同脉冲星般有规律的脉冲信号外，无论从哪个频段都无法得到任何反馈。在可见光波段更是完全不可见。

基于这种现象，IAU逐渐倾向于排除两种可能：

第一，这不可能是一个庞大的舰队，否则在这个距离内人类还是无法探测到实在过于匪夷所思。

第二，这不是一个自然物体，否则在可见光波段不至于完全看不见，如果不是技术文明的刻意掩饰，一个自然物体总是要反射阳光的。

越来越多的IAU专家认定新蛋1号是来自地外文明的探测器，更悲观一点的认为是地外文明的攻击武器，因为按照地球人的思维，这种级别的“隐形”似乎只有在作为武器的时候才有必要。

尽管国际社会实施了严格的保密措施，但是无孔不入的新闻媒体还是把真相一点一点地透露给了公众。

有趣的是，整个人类社会从整体上来说，分成了两种派别。有宗教信仰的人群基本上都持悲观态度，他们普遍相信新蛋1号的脉冲信号就是倒计时，是“审判日”的倒计时，世界末日将在倒计时结束时到来。

全世界的各个宗教中几乎都有世界末日的预言，并且大同小异。但是这部分人往往生活得比较平静，他们会尽可能和家人团聚，完成未完成的心愿，在宗教信仰人群占据绝大多数的地区，社会治安没有明显恶化，人们都还在恪尽职守。

无宗教信仰的人群则基本上分成乐观派和悲观派。乐观派普遍认为这是外星文明的使者，他们是带着善意来帮助人类的。于是世界各地都成立了各种欢迎新蛋1号的组织，他们甚至呼吁国际社会建立新的历法，把新蛋1号与地球接触之日定为新纪元的起点。

但乐观派却始终无法在逻辑上解释为什么新蛋1号不与地球文明建立信息交换通道。

悲观派则坚信这是外星侵略者，他们一方面呼吁联合国尽快建立地球抵抗联军，一方面在积极筹建民间的抵抗组织。

随着千里眼与新蛋1号接触日子的临近，人类社会的焦虑也在逐渐增加，各种恶性社会治安事件的发生也越来越频繁。

千里眼与新蛋1号预计的接触点距离地球大约1300多个天文单位。就在预定的接触日前1个月，一件重要的事件发生了。

全世界光学望远镜都在这天晚上观察到了一颗“超新星”，甚至用肉眼也可以看见，目视星等达到了5等。这是新蛋1号突然放出的强烈光芒。

人类社会马上意识到，新蛋1号开始减速了。

至此，新蛋1号到底是什么的谜题提前揭晓答案。人类首次遭遇到了地外文明的飞行物。虽然人们对此早有心理准备，但是一旦真正确认，还是给人类社会造成了极大的冲击。

同时也确认新蛋1号是一艘飞船或者一个探测器，而不是一个舰队，这总算是个好消息。

通过光谱分析，新蛋1号散发出氢和氦两种元素。毫无疑问，这是核聚变发动机的排出物，这是一个已经掌握了核聚变技术的文明，至少比人类文明大概超前250到500年。

这两个关键事实确定后，人类社会的不安和焦躁情绪得到了部分缓解和控制，专家不断在新闻媒体中分析：还好仅仅是一个掌握了核聚变技术的文明，而不是一个掌握了反物质技术的文明。并且它们只有一艘飞船，如果真是侵略者的话，人类的武装无论如何不至于一夜之间全部覆灭。还有专家举例说，即便是今天的一个海军陆战队回到了500年前的古战场，也无法让数量上占绝对优势的冷兵器军队瞬间全军覆灭。

因为新蛋1号的减速引擎启动，IAU也当即决定提前开启千里眼的探测仪器。

千里眼每隔1小时传回一张高解析度的照片，但是在这个距离，照片要传回地球也需要花2个多月的时间。

千里眼上的质量探测仪也开始工作，但在这个距离上还没有读数，可见新蛋1号的质量并不是很大。

在千里眼与新蛋1号接触日的前7天，质量探测仪的读数终于出来了：新蛋1号的质量约为500吨。当地球收到这个数据的时候，千里眼其实早已经和新蛋1号擦肩而过了。

随后，第一副终于可以看清新蛋1号整个轮廓的照片传回来了。新蛋1号的外形是一个几乎完美的圆锥体，圆锥部分正对着地球，那是核聚变引擎的

图3-2 新蛋1号启动减速引擎

喷嘴，放出耀眼的光芒。体积大约与一枚地球上的运载火箭相当。

但是一幅幅照片传回来后，人们发现新蛋1号的外形在起变化。圆锥部分的喷嘴在逐渐增大，而圆面部分则在逐渐缩小，圆锥体正在逐步变成圆柱体。但是它的转变完全是近乎完美的平滑，没有任何机械拼接的痕迹。新蛋1号是由一种类似于液态金属的材质构成的，黑漆漆的，几乎完全不反光。

千里眼在距离新蛋1号两万千米的地方与之交汇而过，千里眼的使命顺利完成。

高层会议

中央政治局的扩大会议在中南海举行，汪若山作为首席科学顾问出席了这次会议。

会议的焦点集中在一个问题上，那就是目前的情况是否构成行星防御预案的启动条件。

汪若山认为目前的态势足以启动预案，应当立即开始疏散作战部队，并且在各大战区的预定地点开始修建秘密工事，囤积战略物资。

现在离“接触日”还有两年的时间，地球人应当有时间做好充分的战前准备。

可是军方代表对这个预案显然不满，他认为科学家有点太过于迷信外星人的实力，而不相信人类自己的实力。

军代表认为外星人再怎么强大，也就是一个500吨重的铁柱子，能有多大能耐。就这样突然一下要放弃苦心经营了几十年的所有军事要地，似乎有点太儿戏了。更重要的是，一旦其他国家军事力量乘虚而入，将对我国的国防构成重大威胁。

总理的意见也认为大规模的疏散行动会造成整个社会的恐慌，很有可能使局势失去控制，造成不可估量的后果。

会议在紧张气氛中整整持续了一天，汪若山还给中央政治局的常委做了一场报告，展示了外星人可能具备的科技和武器系统。

最后，会议决定暂不进行大规模的军队疏散，对公众严守秘密。但是全军要做好一级战备状态，确保随时能够迎战敌人的进攻，不仅仅是外星人的进攻，还包括其他国家的武装力量。

在此同时，要在各个频率持续呼叫新蛋1号，努力与之建立通信联系。

整个世界似乎一夜之间进入了世界大战时期，各个国家的武装力量都保持着高度警惕，对边境的防范力度空前加强。在各国的军方眼里，外星人的威胁远没有来自别国的军事威胁大。

联合国安理会开会的密度空前提高，几乎每天都有各种级别的会议。发展中国家要求军事大国美国和俄罗斯无偿将他们的武器装备分散到各个国家，但遭到美俄的拒绝。美俄则要求在其他国家建立更多的军事基地。中国在国际社会中所处的地位比较奇怪，一方面，中国一再坚称自己属于发展中国家；而另一方面，中国又被国际社会公认为军事大国，被要求承担和美俄相同的责任。

从逻辑上来说，在这种时期，成立一个高度集权的地球联合军是能够最大化地发挥地球上所有军事武装力量的方案。

但经过一个多月的高密度的会议，国际社会很快意识到成立地球联合军是不可能的。目前整个人类社会的宗教信仰和政治体制结构决定了即便是在面临外星人入侵这样威胁整个人类安危的重大事件时，人类社会也不可能在短期内团结起来，只能各自为战。

联合国最后的决议也只能是要求各国向安理会通报各自的军事计划。唯一的成果是由安理会牵头，确定了一份特别应对小组的名单，这份名单上的人来自全球各个领域中顶级的专家，包括科学家、特种兵、政治家、心理学家等，甚至还增加了一名占星师，一共54名成员，应对小组的代号为“猎犬”。

国际社会达成的协议是一旦新蛋1号与地球接触，“猎犬”必须第一时间到达接触点，但“猎犬”不具有指挥权，只能作为决策顾问，在接触点所在国的军事行动只能由该国的军事领导人决定。

从公开的安理会通报上来看，各个国家采取的对策竟然惊人一致，都不约而同地采取了与中国相同的策略，在安抚民众的同时，所有军队进入一级战备。

接触

随着新蛋1号距离地球越来越近，它在夜晚的亮度也越来越高。接触前1年，已经达到了1等星的亮度，超过了夜晚天空中大多数星星的亮度。

接触前6个月。

全球各大电视台开始对新蛋1号进行24小时不间断的直播。此时的新蛋1号在晚上的亮度已经可以和木星、金星媲美，它在持续减速中。

全世界的地外文明崇拜团体的活动也达到了最高潮，美国人在新墨西哥州的高原上用巨大的LED灯组摆出了面积达到几十个平方千米的WELCOME TO THE EARTH的字样。澳大利亚人则在内陆沙漠上用灯光组成了一个直径达到100千米的人类笑脸的图案，一到晚上便亮起来，还会眨眼睛，从卫星拍摄的照片来看，效果极其震撼。

但新蛋1号对这一切似乎完全视而不见，它不回答任何人类的无线电呼叫。新蛋1号的外形此时已经成为一个近乎完美的圆柱形，正对着地球的这面发出耀眼的光芒——那是核聚变引擎产生的巨大能量，向地球人冷峻地展示着他们的科技。

接触前1个月。

新蛋1号的核聚变引擎突然熄灭了，它停止了减速，此时的新蛋1号在距离地球约两个天文单位的木星和火星之间的小行星带上，以接近40万千米的时速悄无声息地向地球滑行。

当新蛋1号关闭发出巨大亮光的核聚变引擎时，整个新蛋1号突然又隐形了，它从电视直播画面中消失了。在可见光波段，新蛋1号几乎不反射任何光线，它的表面是某种吸光性能极强的液态金属。

追踪新蛋1号的所有天文望远镜开始启用红外波段定位新蛋1号，核聚变引擎虽然关闭，但是它的余温不可能突然就消失。于是，全球各大电视频道又收到了新蛋1号红外波段图像的信号。

接触前3天。

新蛋1号的核聚变引擎突然开启，再次减速。这次减速是很多专家预计到的，因为40多万千米的时速对于降落地球而言，还是太快了，新蛋1号必然在进入地球大气层前再次减速到低于时速3万千米，否则在地球降落的技术难度和付出的代价就太高昂了。

此时的新蛋1号已经离地球非常近，很快就要进入月球的绕地轨道了，它发出的耀眼光芒使得新蛋1号在夜晚的亮度仅次于月亮，甚至在白天也能看到这颗挂在天上的“星星”。

接触前24小时。

此时的新蛋1号已经成为天空中的第二颗小太阳，即便是在晚上，也能把整个地球照耀得如同白昼。

全世界的人都屏住呼吸看着电视直播，所有的电视频道只播放与新蛋1号有关的节目。各国的领导人都在电视上呼吁民众保持镇定，军方严阵以待。

接触前3小时。

天空中的第二颗太阳突然熄灭，同时，新蛋1号再次开始变形。全世界的人都在电视画面中目睹了新蛋1号的圆柱体两侧开始长出翅膀。不需要专家，普通人也能明白，这是新蛋1号做好了在地球大气层中滑翔的准备。

此时新蛋1号的时速已经降到了1万千米以内。

接触前1小时。

新蛋1号以40度的倾角开始进入大气层，进入的位置是在地球的北极上空，它的最终降落地点此时仍然是个谜。

人们在电视画面中目睹了新蛋1号进入大气层的壮观景象：北极的上空突然出现了一团巨大的红色火球，它翻滚着越来越低。

图3-3 新蛋1号进入地球大气层

新蛋1号被完全包裹在火球之中。

似乎是在一瞬间，从火球中突然冲出一个张着两翼的巨大飞行物，就像一个长着巨大翅膀的易拉罐。它几乎是全黑的，表面不反射任何阳光。就像是一只巨鸟在天空中的投影，有一种强烈的不真实感。

降落

新蛋1号在距离地表两万米的上空停止了下降，开始平飞，时速大约为2500千米，它首先进入了俄罗斯领空。

俄罗斯空军立即派出4架T−50迎了上去。尽管军方都料到新蛋1号不会对无线电呼叫做出任何回应，但俄军仍然持续向新蛋1号呼叫，希望能得到响应。新蛋1号继续保持沉默，像一个鬼影子般无声无息地滑行。

地面上的人首次用肉眼目睹了新蛋1号的真身，用长着巨大翅膀的“可乐罐”来形容它真是非常传神。4架T−50的身形与新蛋1号相比，就像四只麻雀在伴着一只雄鹰飞行。

新蛋1号从黑龙江省进入中国领空，中国空军派出的4架J20早已经在此守候。

按照国际社会之前达成的共识，无论新蛋1号出现在哪个国家的领空，人类空军都只伴飞，并且保持无线电呼叫，不首先做出任何威胁举动。

新蛋1号继续朝着中国的南方飞行，保持着稳定的时速。

全世界的媒体纷纷猜测新蛋1号的目的地，大多数专家认为新蛋1号很可能会绕地球飞行几圈以后再选择降落地点。

只有一个人猜出了新蛋1号的降落地点，他就是汪若山。

在确认新蛋1号是一艘非自然飞行物体后，汪若山就已经隐隐猜到了一些事情。10年前，自己利用天眼发射的人类文明信息在距离地球1光年处被一艘外星文明的探测器、也就是新蛋1号截获。新蛋1号立即转向，朝信号的发射源飞来，但是新蛋1号并不能知道信号源的距离。在这个方向上，距离最近的一颗恒星只有1光年左右，新蛋1号朝着信号源方向发射了定位信号，如果接收到回波，就可以准确地计算出距离。

天眼那相当于30个足球场的反射镜面成了新蛋1号最好的定位器，任何射电望远镜都会自然反射接收到的无线电波，其本质和镜子反射光线是一样的，光本身就是一种无线电波。

汪若山的结论是：新蛋1号一定是直奔天眼而来。汪若山不止一次在心中问过自己，如果这个猜测是真的，自己的行为确实给地球人类带来了未知的危险，自己后悔吗？但是汪若山自己也没有准确的答案。

在进入中国领空两个多小时后，谜底揭晓了，汪若山猜对了。新蛋1号到达贵州上空后，在完全没有先兆的情况下，突然极速下降，一边下降一边变形。它的变形完全不是生硬的机械式变形，而是像一颗慢慢融化的巧克力。

在距离地面5000米高空的地方，新蛋1号已经“融化”成了一滴巨大的液滴，它就在天眼的正上方。突然，这滴液滴一分为五，五个小液滴排列成骰子上的五点图案，几乎与此同时，每颗液滴的正下方冒出了蓝色的光芒，核聚变引擎开始工作，使得液滴减速。

仅仅10分钟后，五滴液滴就平稳地降落在了天眼巨大的反射弧面上，中间那颗液滴恰好降落在天眼的正中心，而另外四滴平均分布在天眼的边缘。

液滴落地的方式和水滴落地极其相似，它们迅速在地面上化开，平摊成一个直径40米左右、厚度3米左右的圆柱体。因为液滴表面几乎不反射光线，从远处看过去，就好像天眼突然长出五个漆黑的大洞一样。

控制

这一切实在来得太突然，天眼的所有工作人员从意识到新蛋1号从自己的头顶上往下降落到完全落地，总共只经历了20多分钟。

在这20分钟里面，所有人出奇得平静，有的在室外目睹了五个巨大的黑色液滴降落的全过程，有的就在室内屏息看着电视直播。直到五个液滴降落在地面上以后，所有人才似乎从梦中惊醒。

汪若山和方涵此时都在天眼的主控室里，这间房间是天眼最核心的控制室，大约可以容纳30多人，此时，房间里只剩下五六个人，大多数人都因为恐惧而疏散了。

方涵朝着汪若山苦笑了一下，说：“老板，咱们跑不跑？”

汪若山显得比较镇定，他的视线始终没有离开各个监控屏上的“液滴”。

“能跑到哪里去？我觉得我有责任在这里看守天眼。我总觉得它们来这里目的不会太简单，一定有一些我们不知道的原因。”

方涵苦笑了一下，说：“好吧，老板，我不是不想跑，我只是觉得跑出去和留在这里指不定哪个更危险呢。横竖都是赌一下，我不如省点力气。”

主控室里面其他几个人也都是一样的想法，他们干脆都坐了下来，静待新蛋1号的举动。

他们知道此时大批的军队一定已经在朝大窝凼地区集结，但是这里属于山区，没有什么像样的道路，重型装备肯定开不进来，即便是轻便摩托化部队至少也需要4个小时以上才能到达这里。但是武装直升机应该在1小时内就能把这片区域包围。

汪若山的手机响了，这是中国西南战区的总参谋长刘文龙打过来的第二个电话，在新蛋1号从天眼上方下降的时候，汪若山就接到了刘参谋长的电话，要求他保持镇定，密切注意新蛋1号，随时报告情况。

汪若山接通电话，说：“喂，刘参谋长，是我。”

突然，一阵尖利的啸叫声从手机中传出来，汪若山不禁猛地把手机从耳朵边挪开。

所有的监控屏幕全部都亮起了雪花点，房间里的所有人都下意识拿出了手机，果然信号全无。有些人试图拨号，但是很快就放弃了。

汪若山意识到，这是强烈的无线电干扰，很有可能是全频段阻塞。要命的是，他们这里没有有线电话，这种古老的通讯方式已经被手机完全取代，所有的宽带也都是无线方式接入。

汪若山的估计是完全正确的，新蛋1号用天眼的巨大天线做全频段阻塞的放大器，方圆10,000米之内的所有无线电通讯都受到了强烈干扰，一切基于无线通信的设备全部失效。

以天眼为中心，直径10,000米的半球形区域内成了一个黑箱，里面的人无法了解外面的情况，外面的人也无法了解里面的情况。

方涵突然叫了一声："老板！"

汪若山朝方涵看过去，只见方涵指着天眼的主控电脑的液晶屏，上面显示出天眼的几个控制电机正在启动，天线的指向参数正在跳动。

"它想控制天眼！"汪若山叫了一声。他迅速地冲到电脑前，在屏幕上点击，可是完全不起作用，天眼的主控电脑已经不受汪若山控制。

方涵和其他几个人也冲了过来，纷纷问道："它要控制天眼干什么？"

汪若山说："不清楚，让我想想。"

屏幕上的天眼天线定位参数停止了跳动，定格在两个数字上。汪若山一眼就认出了这是波江座方向，赤经和赤纬的坐标看着有点熟悉，似乎在哪里见过。

"方涵！"汪若山突然想起了什么，他对着方涵叫道："把你手机里面EPE（地外行星搜寻者，Extraterrestrial Planet Explorer，NASA在2012年发射的用于寻找地外行星的太空望远镜）的数据调出来。"

方涵拿出手机快速操作起来，不一会儿，就递给了汪若山。

汪若山快速输入了天眼正锁定的赤经赤纬的参数，很快结果就出来了。

汪若山说："没错，就是这个地方。EPE在2022年发现的一颗超级地球，EPE-3500，距离地球46光年。如果我没猜错，这就是新蛋1号的母星，它是要利用天眼向母星传送信息。"

方涵问："传送信息的目的是什么？"

汪若山摇了摇头，说："天知道，或许是给母星的一份喜报吧。"

对峙

在天眼的外围，大批军队正从四面八方赶来。几十架武装直升机也从最近的军用机场起飞，直奔天眼飞来。

在天眼巨大反射弧面边缘呈正方形分布着四个黑色的"液滴"，此时已经不能算液滴了，它们的外形已经成了一根根扁扁的圆柱体。

四根圆柱体的下方突然冒出了火光，它们同时升空。在上升到500米左右的高空后，每根圆柱体分裂成两根圆柱，两根圆柱又分裂成四根，紧接着这16根冒着蓝白色火光的圆柱体长出两翼，同时开始侧身，每一个都像是一个缩小版的“长着翅膀的可乐罐”。

16个黑色的“长着翅膀的可乐罐”开始绕着天眼转圈飞行，刚开始都处于同一高度，可是很快就高低错落有致，并且越飞越快。从远处看过去，就像在天眼上方挂起了一块黑色的圆形蚊帐。

随着16个“可乐罐”的飞行速度加快，“蚊帐”的范围也在逐渐扩大，最终形成了一个直径达到10,000米的保护圈。

新蛋1号降落到现在已经过去了30多分钟，虽然它已经成功控制了天眼，但是始终没有发射无线电波。

汪若山和方涵都知道天眼的发射程序极为严格，有6道安全密钥，每道密钥都采用不同的加密算法，解密的“钥匙”分别保管在不同的人手里，必须6把钥匙同时开启才能启动天眼的发射程序。

新蛋1号想要突破这6道密钥，显然遇到了麻烦。

汪若山把嘴凑到了方涵的耳边，轻声说：“不管它要启动天眼的目的是什么，我只知道，我们必须阻止它。你现在立即离开这里，想办法与外界联系上，要求立即切断天眼的供电。”

方涵点了点头，转身快步朝门外走去，消失在门后。

在天眼的正中心，静静地伫立着一根巨大的黑色圆柱体。突然，四颗“泪珠”从圆柱体侧面滚了下来，就像一根蜡烛受了热，流下了蜡油一样。

“泪珠”一着地就立刻变为细长型，像蛇一样游了出去，每一条“蛇”都有一人粗，两米多长。

第一队12架武装直升机很快就要接近天眼外围的“蚊帐”了，中队长通过无线电向上级请示：“鸿鹄1号已经接近目标，如果不减速，5分钟后接触，请指示。”

“请在目标100米开外悬停，等待指示。”

“鸿鹄中队收到！”

12架直升机在接近目标前开始分散，以包围圈的形状在“蚊帐”100米开外悬停下来。

西南战区总参谋长刘文龙此时正焦急地坐在全力朝天眼开进的指挥车里。与天眼内部的联络彻底中断了，新蛋1号形成的全频道阻塞把天眼变成了一个黑箱。在做任何决策之前，他必须首先了解对方正在做什么，目的是什么。

联合国特别应对小组“猎犬”早在新蛋1号与地球接触的一周前就已经集结完毕，他们一直在美国的夏威夷海军基地待命，一旦确认新蛋1号的着陆点，就会有一架专机护送他们直达目的地。此时，猎犬小组正在飞往贵阳机场的途中。猎犬小组给刘文龙的建议是尽可能不要主动采取任何带有威胁性质的举动。

中央军委组成的特别领导小组成员也正在从上海火速赶来，但要达到天眼所在的位置至少还需要两个多小时的时间。

在“猎犬”和中央领导小组到达之前，刘文龙就是现场最高指挥员。将近40年的军旅生涯养成的直觉，让刘文龙感到新蛋1号对地球人没有丝毫善意，全频段阻塞事件的发生更让刘文龙确定了这种感觉。

“鸿鹄1号，现在可以把地面行动部队放下去。”刘文龙果断下达了命令。

“收到。”中队长继续下达命令，“鸿鹄9、10、11、12号，立即下降到登陆高度，飞豹小队落地待命。”

4架直升机下降到离地面不到两米的高度悬停，每架直升机上跳出4名全副武装的特种兵，一落地立即分散卧倒，直升机随即升高，整个过程仅仅持续了十几秒钟。

此时正值正午，长着翅膀的“可乐罐”在半空中飞速飞行，每一个“可乐罐”都投下了快速移动的影子，影子在地下构成了一个黑色的圆圈，就像一道警戒线。

黑蛇

方涵按照汪若山的指示，跑出了控制室，她的任务是跑出去设法通知军方切断天眼的电力供应。

方涵迅速到达停车场，朝自己的那辆蓝色敞篷小跑车跑去。刚跑了没几步，她便停了下来。她瞄了一眼停车场的情景，就知道跑过去也徒劳了。

停车场上只有忙忙碌碌的人群，就是看不到一辆发动的车子。

很多人打开了车前盖，在检查着。方涵走到最近的一辆车前，问道："车子怎么了？"

"电瓶短路，烧坏了，所有的车都这样。"

方涵听完扭头就走，她很清楚此时再去看自己的车肯定是浪费时间，不如抓紧时间步行离开这里。

几十号人，正沿着唯一的公路步行撤离。

方涵一路小跑，在她的前方上空，可以看到新蛋1号分身出来的飞行物正在快速地绕圈飞行，速度相当惊人。

在她的身后不远，四条从新蛋1号上分离出来的黑蛇也快速朝撤离的人们游走过来。

几声从后面传来的惊呼声让方涵停下了脚步，她回头一看，立即被眼前的景象惊呆了。

只见不远处四条一人粗的黑色蛇形物体贴着地面无声无息地向前快速滑动，所到之处，人们纷纷散开，而这四条黑蛇似乎也在有意避免撞到人。

当"黑蛇"从方涵眼皮底下游过时，方涵真切地看到这种物体的表面是完全黑的，看不出任何光泽，但是又能感觉到它是液态的、柔软的，就像浓浓的墨汁。

黑蛇游走的速度非常快，没过多久，就超过了跑在最前面的人。它们立即停止了滑动，像眼镜蛇一样立了起来。

跑在最前面的是两个年轻的天眼工作人员，他们露出惊恐的表情，停了下来，不敢往前挪动半步。

后面的人群也渐渐跟了上来，在与黑蛇相隔二十几米的地方停了下来，方涵也夹在人群中间。人群聚集的位置离远处直升机和特种兵大约还有5000米，已经能听到隆隆的直升机旋翼的声音。

人们议论起来。

"它是在阻止我们过去。"

“你怎么知道？”

“这显然不是我一个人的直觉，大家都停下来了。”

“我们怎么办？”

“我认为我们应该原地等待救援。”

“我看它们未必一定有恶意。”

“别去冒险！”

人们七嘴八舌地讨论着，但是没有一个人敢再往前走一步。

方涵此时非常焦急，只有她知道天眼已经被新蛋1号劫持，很可能被随时启动，给新蛋1号的母星发射信号。不论这个信号的目的是什么，人类都必须阻止它，这是关系到人类文明生死存亡的大事。

方涵决心冒一次险，她要赌一把。正当她想继续前进的时候，有一个人先于她朝黑蛇的方向走了过去。

这是一个金发碧眼的中年男子，方涵认识他，他叫斯蒂文，是一个访问学者，与方涵有过几次交流。斯蒂文是一个乐观派，他一直相信新蛋1号是外星文明的使者，会给人类带来善意。

斯蒂文高举着双手，一边朝前走一边用英语大声叫着“Peace”，一步一步靠近四条立起来的黑蛇。

在距离黑蛇只有十几米的时候，四条黑蛇突然同时向前倾斜。

斯蒂文停下脚步犹豫了一下，但是他仍然大起胆子朝前走，只是比刚才走得慢了些，嘴里依然高声叫着“Peace！ Peace！”

刚走出三步，只见其中一条黑蛇身子突然抖了一下。与此同时，斯蒂文怪叫了一声跌倒在地，四肢不停抽搐，好像遭到了电击一般，但他显然没有死，只是失去了行动能力。

人们禁不住发出了一声惊呼，方涵也张大了嘴巴，虽然她没有看到黑蛇身上发出任何东西，但是可以想见必定是黑蛇发出的某种强烈的定向电脉冲击中了斯蒂文，使得斯蒂文浑身肌肉被暂时性麻痹，不能动弹，连话也无法说。

此时，新蛋1号到底是善意还是恶意已经不言而喻。

一些人开始往回走，一些人则在犹豫是否要上前去救助斯蒂文。

方涵焦急万分，对她而言，最重要的事情是要向外界传递信息：新蛋1号正在利用天眼向母星传送信息。哪怕仅仅是传送一个“新蛋1号不怀好意”的简单信息出去，也对外界尽快做出正确的决策有很大帮助。

开战

出去的唯一道路已经被黑蛇封死了，而天眼所在地的四面均是崇山峻岭，想要穿山出去是不可能的。无线电通讯也已经被新蛋1号的全频段阻塞彻底封死。在这种情况下，想要传递出信息只有一个办法：在地上写字。

方涵相信，此时全世界所有最尖端的间谍卫星一定都把焦点对准了天眼所在的区域。间谍卫星在地面的分辨率已经能达到10个厘米。万幸的是此时天空晴朗，只要能在空旷一点的地面上写出几个大字，就一定能被间谍卫星拍到。

可是这事想来容易，一时间要做到却也绝非易事。四周全是山地，灌木林丛生，唯一的空旷地是停车场。

方涵灵机一动，想到了一个方法，但她需要三个人的协助。

方涵从人群中迅速选定了三个熟人，把他们拉到一边，悄声说道：“汪若山博士发现外星人劫持了天眼，试图利用天眼向母星传送信息，我们必须把这个情况传递给外界。我能想到的唯一办法就是用我们的身体组成文字，让卫星看到，请帮助我。”

三个人马上明白了方涵的意思，迅速点了点头。四个人默契地开始往回跑。

一来到停车场，方涵便喊了一声“E”，说完她立即平躺在地上。另外三个人马上领悟了方涵的意图，也迅速找到位置平躺下来，四个人用身体组成了一个字母E。

停留了十几秒钟，方涵喊道：“换成T”。

每组成一个字母，都会停留十几秒，方涵依次发出了E、T、H、J、T、Y六个字母的指令，组合在一起，传递出去的信息便是：ET Hijacked TianYan（外星人劫持了天眼）。

全世界几十个间谍卫星同时捕捉到了方涵等人的特殊举动。

仅仅10分钟后，联合国猎犬小组和中共中央军委特派小组的面前几乎同时呈上了来自情报部门的紧急报告：根据天眼工作人员传递出来的信息，天眼已经被新蛋1号劫持，这个信息解读的准确度为五级（最高可信度）。

几分钟的简短讨论后，猎犬小组和军委特派小组也几乎同时得出了正确的结论：新蛋1号正在利用天眼向母星传递信息，必须马上阻止它。

刘文龙在接到猎犬小组发来的建议的同时，也接到了来自中央军委特派小组的命令：

1.立即切断天眼的供电线路。

2.夺回天眼的控制权。

刻不容缓！

刘文龙接到命令，立即拿起步话机，给鸿鹄中队下达作战命令："鸿鹄中队，空中和地面同时强行进入警戒区，允许武力抵抗。"

"鸿鹄中队收到！"

12架直升机迅速开始编队，分成4个小队，每个小队3架直升机排成间隔200米左右的纵列，所有的武器装备都进入随时发射状态。

就在4架直升机刚刚触碰到"可乐罐"形成的分界线时，4个"可乐罐"突然发出耀眼的强光，以快得不可思议的速度直接撞向了4架"触线"的直升机。

4声清脆的"啵"声几乎同时发出来，4个"可乐罐"从机头穿入、机尾穿出，几乎就是一瞬间的事情。

4架直升机立即失去控制，直接坠地，发出巨大的爆炸声。只有一名飞行员成功弹射出来，其余3架直升机都不见有飞行员生还。

后面8架直升机亲眼看见了"可乐罐"就像飞刀插豆腐一般轻而易举地洞穿了第一排直升机，飞行员全都毫不犹豫地按下了武器发射按钮。

8枚"毒刺"空对空袖珍型导弹几乎同时朝4个目标发射出去，令人震惊的一幕发生了：4个"可乐罐"不但没有躲避，反而直接加速迎了上去。导弹确实是"命中"了目标，但是在爆炸的火光中，"可乐罐"毫发无损地飞了出来。

它们的进攻方式简单到了极致，就是撞击。在接下去的30秒内，4个可乐罐就像4根绣花针，逐一穿过飞行中的直升机，8架直升机瞬间全部坠毁。

地面部队的遭遇并没有比空中部队好到哪里去。特种部队几乎是在跨过警戒线的同时全部抽搐倒地，全身麻痹，如遭电击。但是敌人是如何攻击的，却没有一个人看得清楚。

真相

天眼的电力是由40千米外的一个小型发电厂的一个单独机组提供的，此时军队已经控制了这个发电厂。

刘文龙的断电命令一下达，工作人员立即断开了天眼的供电线路。

方涵已经回到了主控室，刚与汪若山会合没几分钟，整个主控室的灯光突然就黑掉了。

汪若山和方涵激动地互相望了望，同时喊出："成功了！"

但是喜悦的表情还没来得及收住，他们就发现虽然照明系统已经断电了，但是主控电脑并没有断电，依然在工作。

汪若山一拍额头苦笑道："我怎么忘了，天眼是接在一个超级UPS（断电保护器）上的，一旦电力中断，UPS可以提供两个小时左右的临时电力，我居然把这一层忘记了。"

方涵说："也就是说，如果新蛋1号不能在两小时内破解我们的密钥的话，天眼就会彻底失去电力，变成一堆废铁。"

汪若山说："是的。但这就完全看我们的造化了。"

就在两个人说话的同时，一条黑蛇突然出现在主控室里，它幽灵般无声无息地滑向汪若山。等到汪若山和方涵同时发现它时，黑蛇已经近在咫尺。

还没等方涵惊呼声落地，黑蛇已经像一条蟒蛇一样缠住了汪若山。汪若山只感到一阵电流在全身流转，四肢顿时麻痹了，但电流的电量控制得很精确，并没有使汪若山感到痛楚，头脑也依然非常清醒，只是动弹不得。

方涵和在场的人都被眼前的景象惊呆了，不由得同时往后退去，也有几个人吓得直接往门外奔去。

汪若山此时感到呼吸变得困难，大脑缺氧的症状开始出现，眼皮也变得沉重起来，眼前的景象逐渐变得模糊。

突然，汪若山眼前一黑，感觉自己的身子似乎正在坠入一个无底深渊，越坠越快。眼前依然是无边无际的黑暗，过了许久，在黑暗深处似乎有一个小小的光点正朝着汪若山飞过来。

光点一开始只有一个针尖那么大，然后一点点变大，速度越来越快，越来越亮。终于，汪若山看清楚了，那是一个燃烧着的巨大火球，是一颗恒星。

巨大的日珥从恒星的表面喷流而出，每时每刻都有数不清的爆炸在恒星表面发生。日珥爆发的频率和数量都远远超过了汪若山熟悉的太阳，无数盛开的日珥使得这颗恒星看起来更像一朵盛开的向日葵。

这是一颗异常活跃的恒星，汪若山感受到时间的飞快流逝，恒星盛开的向日葵花瓣逐渐变小，变稀疏，这颗恒星正在从活跃变得平静。当日珥爆发的频率和数量变得可数之后，这颗恒星的表面出现了第一个深坑，恒星的表面物质就像瀑布一样往深坑中跌落，很快就将它填满。

可是很快又出现了几个深坑，由烈火和爆炸组成的瀑布在恒星表面的各处出现。一个坑被填满之后又会出现更多的坑，更多的恒星表面物质被填入坑中。汪若山看出来了，这颗恒星正在坍缩。

这是一颗质量超过钱德拉塞卡极限的大质量恒星，已经到了生命的最后期，用不了多久，这颗恒星会发生剧烈的爆炸，成为一颗超新星。

恒星从汪若山的视野中慢慢移出了，眼前又是一片黑暗，但很快就出现了一颗蓝色的亮点，越来越大。一颗蓝色的行星出现了，但汪若山一眼就看出，这并不是地球。

蓝星的大部分面积也是由海洋组成，其间点缀着一块块陆地，这些陆地跟地球一样覆盖着无边无际的绿色植被。但汪若山却突然感受到一阵强烈的恐惧，这种恐惧不是汪若山自己的恐惧，而是整个星球的恐惧。

这颗美丽的蓝色星球很快就会被超新星爆发的强大火光吞噬，完全汽化，什么都不会剩下。在恐惧中，汪若山看到蓝星的海面上浮起了一个个巨大的平台，平台上一艘艘巨大的星际战舰正在成形。看到这些巨大的战舰，

图3–4 蓝星文明正在建造巨大的星际战舰

汪若山的恐惧被一种兴奋和激动的心情所取代。这是一个正在跟自己的命运抗争的强大文明。

突然，从蓝星表面飞出无数个发出强烈光芒的小点，这些小点朝着宇宙的各个方向四散飞去。汪若山立刻明白了，这些是蓝星文明建造的探测器，它们肩负着寻找新家园的使命。

蓝星被远远抛在了身后，汪若山感到自己正在朝宇宙深处飞去，自己就是一个探测器。群星在眼前出现，整个宇宙仿佛静止了，眼前的所有景象都像定格了一样，一动不动。时间的流逝感也从汪若山的感觉中消失了。

不是宇宙静止了，而是汪若山感受到了真实的星际航行，十分之一的光速在巨大的宇宙空间里就像蜗牛在爬。这种状况没有持续多久，汪若山就泛起了十分复杂的情绪，有孤独、悲伤，也有焦急和期盼。

汪若山觉得自己在漫长的时间长河中艰难地跋涉，四周是广袤、深邃的宇宙，似乎整个宇宙里只剩下了自己。他就像在沙漠中苦苦寻找着水源，快被渴死的母亲正在身后焦虑地望着自己。

就在绝望中，汪若山突然听见了一阵美妙的音乐，宇宙中的某个方向射来了一道强烈的无线电波，这束电波刺破了杂乱无章的宇宙背景噪声，直穿汪若山的身体。

“水源！我找到水源了！而且，很近很近！”这是汪若山听到音乐后的直觉反映。这道电波如此强烈，如此致密，它没有因在宇宙中经过长途跋涉而扩散、微弱，就来自距离自己很近的地方。

一阵狂喜涌上了汪若山的心头，太好了，母亲有救了。汪若山立即把自己的航向对准了电波的来源，他朝着电波的来源发出有节奏的呼喊，只要听到自己呼喊的回声，他就能确定与电波来源的距离。

似乎只过了一眨眼的时间，回声就来了。汪若山简直不敢相信，只有1光年，那个电波发生地就在离自己最近的一个恒星系中，这个恒星系离自己的母星也不过46光年。这一切简直就像是一个美丽的梦，太幸运了。

汪若山立即调整航向，核聚变引擎全功率运行，朝着电波来源全速飞去。

此时的汪若山，满脑子都是自己的使命：

1.寻找一颗有液态水和固体物质同时存在的行星。

2.利用行星的物质建造电磁波放大器。

3.传送行星的详细宇宙坐标给母星。

没有过多久，一颗美丽的蓝色行星出现了，虽然在之前通过分析接收到的文明信息已经知道了这颗行星符合要求，但当它真的出现时，汪若山仍然非常激动，这是一颗完美的行星，所有条件全部符合母亲的要求，更宝贵的是这个恒星系正值壮年，主星序阶段尚未过半，它的恒星还可以提供足够长的稳定期。

这个星球上有一种尚处在初级阶段的文明，对母亲构不成任何威胁，一切都是那么完美。连电磁波放大器都不需要再另行建设，这个星球上的文明刚刚学会制造这种基础设备，之前用于定位的回声正是这样一个设备反馈回来的。

母亲有救了，我的使命也变得简单了：控制电波放大器，传送坐标给母亲。汪若山抑制住自己喜悦的心情，专心在行星表面平稳降落。

电磁波放大器虽然比自己脑中的设计图纸原始很多，但给母亲直接传送信息倒是够用了。但是，没想到这个初级文明已经发明了一种加密技术，给我设置了层层障碍，虽然这些加密手段不能最终阻止我，但是会浪费很多宝贵时间。母亲那干渴的嘴唇和焦虑的眼神再一次出现在汪若山脑中。

“我一定要尽快突破障碍，完成使命！”汪若山不断给自己增强信念，“如果我能知道其中任何一个密钥，就能以最快速度突破所有的障碍。母亲快渴死了，我绝不能再等下去了，多等一秒钟就是将母亲推向死亡一秒钟。给我一个密钥！

“密钥？等等，我自己不就知道密钥吗？为什么会突然想不起来了？真该死，母亲已经危在旦夕了，我怎么想不起密钥了？快点冷静下来，好好想想。

“对了，就是这样，深呼吸，想一想密钥是什么？

“想起来了，是……

“yu qiong qian li mu geng shang yi ceng lou”

一句古老的诗句：欲穷千里目，更上一层楼！

汪若山猛地睁开双眼，他看到方涵和同事们在远处惊恐地望着自己。黑蛇已经松开了自己，滑到了主控电脑的屏幕前，像一根柱子一样一动不动地立在那里。

汪若山想起了自己是怎么被黑蛇缠上，然后好像进入了一种半昏迷的状态，他极力回想发生了什么。慢慢地，他想起来了，自己看到了一颗恒星，看到了蓝星，看到了静谧的群星闪耀的宇宙。

欲穷千里目，更上一层楼。

“不好！密钥被偷取了！”汪若山大喊一声，朝方涵跑过去。

黑蛇仍然一动不动，它在专心忙着自己的事情，此时它对低等文明生物已经不再关心，它有自己最重要的使命。

激战

中央军委特派小组和联合国“猎犬”小组几乎同时抵达了贵阳机场，直接在贵阳机场成立了指挥部。他们在途中已经知道了鸿鹄中队全军覆没的消息，这就意味着，对方主动宣战了。

指挥部直接设在贵阳，没有必要更接近前线战场了。

指挥部下达的第一个作战命令是：4架护航J20立即投入战斗，击毁敌机，注意不要接近敌机，只用远程武器。

但是很快收到了J20的回复，无法使用远程武器，敌人几乎是完全隐身的，在所有雷达波段上都不反射。J20的PL13导弹完全没有用武之地。

指挥部立即命令J20返回基地换装火箭弹巢，与其他战机一同起飞迎敌。

一架接一架的J20、J10战机从几个机场呼啸着起飞，直奔天眼而去。在无法用雷达锁定敌机的情况下，唯一能采用的攻击手段只剩下了近距离格斗，主战武器是火箭弹和机炮。

配备了被动雷达系统的地对空导弹部队也已经启程，火速赶往战场。

20分钟后，首批抵达的50架战斗机已经投入了战斗。

在距离天眼10000到20000米的上空，几十架银灰色的战斗机和纯黑色的“可乐罐”纠缠在一起，发出巨大的轰鸣声。

战斗机的机炮和火箭弹在天上构成了密集的火力交叉网，尤其是火箭弹夺目耀眼的光芒几乎布满一小块天空。

但是在这些火网中仍然可以清晰地看到16点蓝色的光芒，蓝色光点的穿透力和亮度无可匹敌。16个蓝色的光点像16根死神的绣花针，刺破蓝天中交织的火网。

人类战斗机的火箭弹和机炮对“可乐罐”构不成任何威胁，它们迎着火力直冲向战斗机，把自己当作武器直接撞毁战机，而自己毫发无伤。

在不到5分钟的时间内，人类的50架战机全部被撞毁，仅有一半的飞行员弹出逃生。

面对这种战况，指挥部不得不叫停了后续起飞的战机，下令暂停进攻。

“猎犬”小组的专家分析，组成新蛋1号和“可乐罐”的材料很可能是人类尚不知晓的一种“强核力”材料。

人类所能制造的所有材料都是靠分子间的电磁力结合在一起。除了电磁力，人类已知的力还有万有引力、弱核力和强核力。比电磁力更强的力就是强核力，它比电磁力还要强100倍，也就是说构成新蛋1号的材料比钻石的硬度还要硬100倍。这差不多就是豆腐和菜刀的硬度差别。

如果专家们的分析是对的，那么“可乐罐”撞毁战斗机就像用菜刀切豆腐一样简单。

汪若山和方涵在听到天空中传来巨大的轰鸣声时就跑到了室外，目睹了人类的战机瞬间全军覆没的过程。

汪若山此时心里非常清楚，目前最最十万火急的事情就是摧毁天眼，阻止新蛋1号传递信息给母星。

他必须想办法尽快把这个信息传递出去。

就在汪若山了解了新蛋1号的意图的同时，联合国“猎犬”小组也有专家提出了尽快摧毁天眼的意见。但这件事情太过重大，万一决策失误，责任太大。这个意见已经通过正式的报告上报给了中央政治局，在等待批复。

汪若山和方涵此时能想到的唯一传递信息的办法仍然是方涵使用过的办法，用身体组成文字。

两个人火速联络正在四处躲避的人群，说明情况。

很快便召来了10多个人，他们这次要组成的文字是DESTROY TY ASAP（尽快摧毁天眼）。

在他们确信文字信息已经传递出去后，汪若山立即要求大家尽快疏散，离天眼的天线越远越好，找地方隐蔽，躲避很快就会到来的大规模空袭。

汪若山传递出的信息在3分钟后就放到了指挥部的会议桌上。这是个极其重要的情报，它印证了“猎犬”专家们的分析。

第二份有全体特派小组领导和“猎犬”成员电子签名的报告被火速发往了中央政治局，很快就得到了总书记的亲自批复：不惜一切代价摧毁天眼。

轰炸

中央的命令已经下达，然而指挥部却面临着重大的难题：用什么方法才能把天眼炸毁?

如果用轰炸机去执行任务，显然是去送死，在16个“可乐罐”的保护下，再多的轰炸机都很难接近目标上空。

以天眼为中心的10000米半径内的全频段阻塞还在继续，这就意味着所有以雷达制导的导弹都无法将目标设定为天眼。

最理想的是地面火炮。目前最有用的是有效射程200千米的WS-3火箭炮系统，每分钟打出几万发不成问题，但要把最近的火炮部队调集到有效射程内至少还需要30分钟的时间，再加上攻击前定位、装弹、试射等各项准备工作，再算上火箭弹的飞行时间，两小时之内很难发起有效进攻。这段时间太长了。

唯一可行的似乎只有地面弹道导弹部队，可以直接用经纬度作为打击目标，但是“可乐罐”既然能攻击战斗机，也一样能拦截导弹，因此如果同时发射的导弹数量不够多，那么必定被尽数拦截。

要想成功命中天眼，必须让数百枚导弹几乎同时到达目标，只要有一枚导弹突破“可乐罐”的保护圈，就足以摧毁天眼。

但是指挥部对这个方案非常犹豫，原因不在于是否有这个发射能力。

现在全世界的间谍卫星都对准了中国，导弹一发射，中国的导弹发射基地必然悉数暴露，这会对中国未来的国防安全构成巨大的潜在威胁。

根据已经获得的战场信息，“猎犬”小组的专家此时也计算出结果，要想确保天眼被摧毁，必须在1分钟之内打出126枚以上的导弹。

已经刻不容缓了，新蛋1号每一秒钟都有可能突破天眼的防火墙。

在经过5分钟的短暂沉默后，指挥部的所有成员终于下定决心。此时，国家利益必须让位于全人类的利益。

以天眼为中心，方圆1000千米内共有50多个导弹基地，导弹攻击的坐标信息被迅速发给这些基地。战场指挥系统在高速运转，为了确保不同地方发射的导弹能在同一时间抵达目标，必须做出精密的计算和安排。

导弹基地的全体官兵立刻进入战争状态，导弹发射的动作流程他们演练了不知道几千遍，一接到命令便条件反射般地投入到了高速操作中。

仅仅7分钟后，离天眼最远的一个导弹基地的两枚弹道导弹在巨大的轰鸣声中冲上云霄，将在28分钟后抵达目标。

在此后的15分钟内，140多枚弹道导弹在不同的导弹基地发射升空，它们都将在同一时间抵达目标，这已经达到了中国导弹部队的极限能力。

指挥部在下达导弹攻击命令的同时，也命令所有能在30分钟内到达天眼上空的战斗机升空，有对地攻击能力的战机不惜一切代价摧毁天眼，没有对地作战能力的战机尽可能去吸引“可乐罐”的注意力。

一架架战斗机从周围4个军用机场升空。这种时候，重要的已经不是战机的性能，而是数量。在强大的外星文明面前，J7和J15没有任何区别，在菜刀下面不管老豆腐还是嫩豆腐，都只是豆腐。

方涵和汪若山很清楚他们所在的区域将面临怎样的高强度轰炸，他们必须赶在大轰炸到来之前通知所有人，让他们尽可能远离天眼，找到合适的掩体躲避。

四周都是崇山峻岭，想要找到一个掩体倒不是太难。

四条黑蛇中的一条去了主控室，另外三条黑蛇仍然把守在出山的唯一道路上，斯蒂文仍然躺在地上人事不知，还有三三两两的人聚集在四周观望。

汪若山和方涵把信息带给了所有能找到的人，斯蒂文也被人们抬到了山中隐蔽。

总攻

时间在一分一秒地过去，天眼主控室的电脑显示屏上变幻着各种数据，6道密钥已经被破解了5道，新蛋1号离成功仅差一步。

在指挥部的大屏幕上，一个醒目的倒计时在跳动，这是距离导弹打击的剩余时间，此时已经只剩下最后一分钟了。

修长的弹道导弹拖着长长的尾迹，从天眼的四面八方呼啸着飞来。总共

146枚导弹此时已经几乎组成了一个个同心圆，它们将在30秒的误差之内同时抵达目标。

就在此时，16个“可乐罐”突然发出了巨大的轰鸣声，那声音大到几乎可以把人的耳膜震破。每个“可乐罐”的引擎发出的蓝色光芒亮度陡然增加了数倍，它们分成16个方向以不可思议的高速冲了出去。

巨大而密集的爆炸声如同滚地雷一般响了起来。天眼上空的图像通过卫星传到了指挥部的大屏幕上。只见天眼上空出现了一个巨大的火圈，火圈中间穿插着蓝色的光芒。不过这个火圈正在一点点缩小，火圈的圆心正是天眼那巨大的抛物面天线。

“猎犬”小组的专家非常紧张，他们显然没有预计到“可乐罐”的机动性能比之前突然增加了好几倍，原以为足够的导弹数量现在看起来非常悬。

就在此时，大批J7战斗机也抵达了火圈外围，距离天眼的天线只有不到40,000米了，哪怕只有一架战斗机突入天眼的上空，也足以摧毁天眼的天线和主控室。

指挥部里所有人都紧张地望着大屏幕的实时卫星影像。此时，他们除了祈祷之外，也帮不上更多的忙，只能靠战斗机飞行员的勇敢和牺牲精神了。

滚地雷般的爆炸声没有减弱，反而更强了，这时候的火圈已经缩小到了20,000米半径，整个天空都被巨大的火光和爆炸染成了红黑色。

敌人此时显然已经拼尽了全力，但是仍然阻止不了火圈继续缩小。

突然，一直位于天眼天线正中心的“液滴”发出了强烈的光芒，在引擎声的啸叫中升空了，它一升空就分裂成四个“可乐罐”，迅速投入到了战斗。

敌人的数量一下子增加了4个单位，火圈缩小的势头被遏制住了。

前线指挥员刘文龙突然意识到全频道阻塞消失了，他知道敌人正在拼尽全力，为了阻止导弹和战机，不得不动用最后一颗“液滴”而放弃了全频段阻塞。

一瞬间，所有依赖雷达工作的设备和仪器都恢复了生机。

前线指挥员刘文龙立即将这个情况报告给了指挥部和猎犬小组。指挥部指示立即找到汪若山博士，确认天眼目前的状态。

刘文龙立即拨打了汪若山的手机。

图3-5 人类对天眼发起总攻

刘文龙喊道:“喂,汪博士,你现在情况怎样?”

汪若山回答:“我们正在山中隐蔽。”

刘文龙说:“指挥部急需知道天眼目前的状态。”

汪若山说:“明白了,现在全频道阻塞已经解除,我只要跑到有WIFI信号的地方,就可以用手机登录天眼的工作网络,查看天眼的实时状态。”

刘文龙说:“博士,一秒钟都不要耽搁。”

刘文龙心里非常清楚目前的状况,汪若山走到空旷的地方就随时有生命危险,但是在这种时候,个人的牺牲是必须付出的代价,就在刘文龙的头顶上空,每分钟都有战斗机飞行员在牺牲。

146枚导弹被新蛋1号顽强地抵挡住了,全部被“可乐罐”摧毁。此时只剩下源源不断的战机如同飞蛾扑火一般冲上去。

“猎犬”小组的专家此时也注意到了“可乐罐”的动力在下降，它们似乎遇到了能源不足的问题。20个“可乐罐”已经把自己的防御圈缩小到了约5千米半径，对于在这个防御圈之外的战机，一概不予理睬。

此时雷达制导的导弹系统已经可以工作，指挥部命令战斗机把所有的机载导弹全部打向天眼。现在必须保持高密度的火力牵制，绝不能让新蛋1号重新实施全频段阻塞。

一时间，从几十架战斗机同时打出了上百发对地导弹。

20个“可乐罐”高速绕圈飞行，发出巨大蓝色亮光的引擎尾迹组成了一个蓝色的保护罩，导弹打在罩子上，迸发出一朵朵火花。

汪若山已经来到公路上，手机连上了WIFI，登录了天眼的工作网络，他很快调出了天眼的实时状态窗口。

“不好，最后一道密钥已经被新蛋1号突破，天眼已经全部准备就绪，随时都可以开始发射信息了。”

汪若山火速将这个情况通知了刘文龙，刘文龙立即上报给了指挥部。

现在已经到了最后关头，如果让新蛋1号把信息传递给母星，后果不堪设想。绝不能有任何犹豫，必须不惜一切代价摧毁天眼。

指挥部1号首长拿过了步话机，对着所有战机飞行员下达命令：“同志们！你们代表的是全人类，你们现在维护的是全人类的生命安全。不惜一切代价摧毁天眼，把所有能发射的导弹全部打出去，用你们的战机做最后一枚导弹！有弹射逃生的机会不要错过，珍惜自己的生命！行动吧！”

“收到！”

“明白！”

“让孩子们记住我的名字！”

“我知道该怎么做！”

……

无数的声音从步话机中传回来，1号首长表情坚定，牙关紧咬。

所有的战机都把引擎开到了最大功率，调整方向，朝着天眼直冲过去。

与此同时，令人震惊的一幕发生了。

20个“可乐罐”突然拖着蓝色光芒的尾迹垂直向上飞，在上升飞行的过程中合为一个整体。

新蛋1号的这个行动来得十分突然，有几架战机已经来不及拉升，随着几枚导弹一头冲向了天眼的天线，好在飞行员在关键时刻弹射了出来。

巨大的爆炸声响起，天眼被火球笼罩。

其余战机都及时拉起了机头，四散飞去。

新蛋1号已经升高到了近地轨道的高度，核聚变引擎的蓝色光芒已经变成了天空中一个小小的亮点，它仍然朝着太空飞去。

尾声

汪若山拿着手机站在公路上，怔怔地一句话也说不出来，眼睛紧盯着天眼的方向，那里已经被完全摧毁。

方涵和其他人正朝着汪若山跑过来，方涵大声喊道："老板，我们成功了吗？"

汪若山苦笑了一下，说："就差一点点，我们功亏一篑，天眼在被摧毁前已经工作了10秒，这10秒足够发射地球的坐标信息给EPE-3500了。"

方涵和众人沉默。

汪若山继续说："但不管怎样，人类还有400多年的时间备战，星球大战真的开始了。"

此役，中国空军损失战机106架，牺牲67名战斗机飞行员和8名直升机飞行员。

留在地面上的4条黑蛇全部自毁。据目击者说，在看到在天眼被击中的同时，守在公路上的黑蛇也突然发出强烈的光芒，瞬间汽化。想必是每条黑蛇内部均有微型核聚变反应堆，可以产生上亿度的高温，汽化一切物质。

新蛋1号的去向是一个谜，人类在新蛋1号距离地球10万千米左右的时候就把它跟丢了，它关闭了核聚变引擎。

人们普遍猜测新蛋1号隐藏到了地日系统的第三拉格朗日点，对于地球来说，它始终处在太阳背面，人类目前的技术无法侦测到它的踪迹。

至于新蛋1号为什么要突然离开地球，猎犬小组给联合国的报告是这样认为的：从天眼之战的战场信息分析来看，新蛋1号的核聚变燃料已经出现了明显的短缺迹象。它选择飞离地球是因为完成了使命，没有必要再继续留在地球上。更重要的是，它绝不能被地球人捕获，即使不能逃离地球，也一定会自毁。因为新蛋1号的技术信息很可能会成为地球文明发生技术飞跃的导火索。“蓝星”战舰要飞抵地球至少还需要400多年的时间，在这个时间内，地球文明的技术是否会产生爆炸式的发展，从而一举超过“蓝星”文明，它们对这一点是没有把握的。

汪若山和方涵均被征召进入新成立的联合国行星防御理事会，该机构就是未来地球联合军指挥部的前身。

（完）

附

《亚洲教育论坛年会》发言稿

什么是科学精神？

各位尊敬的前辈和同行：

大家好！我非常荣幸能够代表“科学声音”组织在2017亚洲教育论坛年会的科技文化与科普教育论坛上发言。

科学声音是一群有着共同志向的职业科普人组成的民间组织。我们认为，科普教育的首要目的是传播科学精神，而讲解科学知识是达到这个目的的手段之一。虽然，只有人类中的少数精英能够成为科学家，但是，人人都可以像科学家一样思考。因为，科学不仅仅是一个职业，更重要的是，科学是一种思考方式。科学家就是用这种方式来揭示自然世界的奥秘，理解这个我们生活的星球。

科学精神包含不可分割的两个部分，其一是对“科学”这个词本身的理解；其二是对科学思维的具体运用。

我们先来谈什么是科学。

我们认为，“科学”是一个名词，而不是一个可以和“好的”、“正确的”画上等号的形容词。要理解什么是科学，需要从两个方面入手。

第一，目的——所有科学活动的最终目的是发现自然现象背后的规律。技术发明并不等于科学研究。以爱迪生为代表的工程师算不算科学家，会有争议。但我们坚持认为应当把科学家与发明家、工程师区别开来。在几乎所有写科学史的书籍中，基本上都遵循着从以亚里士多德等古希腊自然哲学家到伽利略、牛顿，再到爱因斯坦这样的脉络下来，从来没有哪一本有影响力的科学史书中写到过爱迪生或者特斯拉。但是，在现实的科普教育中，科学和技术往往会混为一谈。这很可能是社会中非主流的反智、反科学运动的原因，我们注意到，妖魔化科学的人往往都是将科学和技术混为一谈的人。而那些最容易受到反科学运动洗脑的人也都是从来就没有搞清楚什么是科学、什么是技术的人。所以，我们认为，让广大老百姓，尤其是青少年理解科学研究与技术发明活动的区别是极为有必要的。这关系到我国在前沿科学领域的巨额投资计划能否得到广大人民群众的广泛支持。也关系到青少年是否愿意投身于基础科学领域的问题。可能大家都会和我一样，每当一个重大科学发现诞生的时候——例如我国的科学家2012年发现了一种新的中微子震荡，2013年发现量子反常霍尔效应，美国科学家去年证实了引力波的存在——身边总是会有很多人问我：这些到底有啥用？我们认为，可能比回答他们这些科学发现有什么用更成功的科普，是减少提问者的数量。

第二，方法——公理演绎和系统实验。这是爱因斯坦在1953年写给友人的一封信中提出的观点，他非常深刻地讲出了科学活动遵循的基本方法。爱因斯坦在信中说：西方科学的发展是以两个伟大的成就为基础，那就是，以欧几里得为代表的希腊哲学家发明的形式逻辑体系，在文艺复兴时期通过系统的实验发现有可能找出因果关系。我们纵观自现代科学诞生以来，人类所有的科学发现都是遵从两条路径做出的。第一条路径：从几个假设性的公理出发，然后运用数学化的逻辑推演，最终找到隐藏在深处的自然规律。爱因斯坦的相对论是最好的范例，他通过相对性原理、光速不变原理和等效原理这三个公理，最终得出了广义相对论的爱因斯坦场方程。第二条路径：通过观察现象，提出某种理论，再用更加精确的观察或者系统实验来检验，如果实验结果与理论不符，就要求科学家修正该理论，直到与所有已知的现象相符合，每一次通过检验，该理论的可信度就会增加一分。牛顿提出的万有引力公式就是一个范例。但是我们也必须指出，这两条路径并不是泾渭分明的，很多时候它们交织在一起。这两条路径在末端是合二为一的，那就是任何一个科学理论都必须得到实验数据的支持，实验是检验理论的唯一标准。科学理论还必须具备预测的能力。在这个过程中，数学扮演了极为重要的角色。科学的方法不但要给研究的对象定性，更重要的是用数学定量。请注意，在刚才这个句式中，“科学”是一个名词，就好像说“中国人的特点是”，而不是一个形容词，表示“好的”或者“正确的”方法。可能大家也会有和我一样的体会，当我说通过阴阳五行得出某某结论并不是一个科学的方法时，很多人会愤怒。那是因为，在他们的理解中，“科学的方法”表示“正确的、好的方法”。而我真实想表达的意思其实是，科学的方法是具有特定含义的研究方法，人类能够熟练地掌握这一方法只有不到400年的时间。科普的目的可不是要打消中国人对传统文化的兴趣，而是让愤怒于阴阳五行不是科学方法的人减少甚至消失。

理解科学的含义是具备科学精神的前提，但不够，科学精神还包括对科学思维的运用。我们认为科普教育是否成功并不是用掌握了多少科学知识来衡量，而是看一个人在生活中，是否采用科学的思维考虑问题，科学的方法解决问题。也就是说，科普教育的最终目标是希望人们能像科学家一样思考。

公元14世纪，住在英国萨里郡奥卡姆的修士威廉提出了著名的奥卡姆剃刀原理：如无必要、勿增实体。这个思想比现代科学的诞生还要早大约400年，但是科学却从这一重要的哲学思想中汲取了养分，它也成为现代科学研究中经常被运用的重要原理之一。

公元18世纪，苏格兰哲学家大卫·休谟提出了休谟公理：没有任何证言足以确定一个神迹，除非该证言属于这样的情形，其虚假比它力图确立的事实更为神奇。与这一公理等价的通俗表达是：非同寻常的主张需要非同寻常的证据！休谟公理为我们确立了科学思维的一个总原则。

我们认为这一公理是对科学思维的高度抽象概括，但是要深刻地理解它们却并非一件易事。因此，在具体的科普教育中，我们必须把抽象的哲理分解为一个个更加容易理解的知识点、结合具体案例进行讲解。

这些知识点包括：可证伪性（可验证性）、可重复性、独立性、唯一性、可定性、可定量、可预测、可纠错；还包括：理解前后关系和相关性都不是因果性，要得出因果性必须通过严格控制下的系统实验才能真正找到。例如，在医学研究领域，大样本随机双盲对照实验和科赫法则是发现因果性的金标准；不能证明不存在不等于必定存在，从逻辑上来说，要证明灵魂和上帝不存在是不可能的，必须坚持谁主张谁举证的原则。使用科学术语不代表就是科学理论，识别伪科学也是科普教育的目标之一。

以上这些知识点并不是科学思维的全部，需要我们在具体的教育实践中不断总结、提炼。我们认为，科学思维是全人类的共同的智力财富，没有东西方之分，它的历史相较于人类的历史来说非常短暂，然而在它的指引下，人类取得的成就却远远大于前科学时代的所有成就之和。

科学思维不是科学家的专利，它对于我们每一个普通人都有重要的价值。科学声音的另外一位成员，“得到”专栏作家卓克把科学思维对于普通人的作用总结为4条：1.摆脱本能和直觉；2.识别真知和谎言；3.打通阶梯和路径；4.积累灵感和顿悟。

综上所述，科学精神是对科学的目的、方法和思维模式的概括，它与一个人掌握的科学知识的多少并没有正比关系，高级知识分子也可能并不具备足够的科学精神。但我们认为，科学与哲学、文学、艺术、宗教、中华传统文化一样，都是人类文明的重要组成部分，它们不是非此即彼的关系。这个世界上，有成为科学家的神父，也有信仰上帝的科学家，思想的多样性是人类文明生生不息的保障。

我们也注意到，在科学教育相对发达的西方国家，他们也在反思科学，尤其是对科学伦理的深入探讨。那么，现阶段的中国科普是否应当包含反思科学的这部分内容呢？我认为不必。对科学的反思应当局限在科学家、科学哲学家以及与科研活动密切相关的专业人群中，不应当扩大化。

这是因为，今天的中国，科学精神依然只是旷野中的一堆小火苗，一阵不大的风就能把它熄灭，我们都知道，这样的事情不是没有发生过。守护这堆小火苗，把科学精神传承下去，并且在中国这片土地上传播开来，对于中华民族的伟大复兴具有不可估量的历史意义，这也是我们每一个科普人的职责和价值所在。

人类文明走到今天，正如在座的科幻作家郑军老师在新作《万古长夜 重生之界》中所说：世无科学，万古长夜！

感谢大家聆听我的一点浅见！